Soziologie und Sozialpolitik

Herausgegeben von Bernhard Badura,
Christian von Ferber, Franz-Xaver Kaufmann,
Eckart Pankoke, Theo Thiemeyer

Band 6

R. Oldenbourg Verlag München 1985

Krankenhausbedarfsplanung

Was brachte sie wirklich?

Von Christa Altenstetter

R. Oldenbourg Verlag München 1985

CIP-Kurztitelaufnahme der Deutschen Bibliothek

Altenstetter, Christa:
Krankenhausbedarfsplanung : was brachte sie wirk-
lich? / Von Christa Altenstetter. – München :
Oldenbourg, 1985.
    (Soziologie und Sozialpolitik ; Bd. 6)
    ISBN 3-486-52631-6
NE: GT

Gesamtherstellung: Weihert-Druck, Darmstadt

ISBN 3-486-52631-6

Inhalt

Abkürzungsverzeichnis

AbgrV   Abgrenzungsverordnung

BayHO   Bayerische Haushaltsordnung

Bay.KrG.   Bayerisches Krankenhausgesetz

BKG   Bayerische Krankenhausgesellschaft

BMA   Bundesministerium für Arbeit und
                    Sozialordnung

BN   Bettennutzung

BPflV   Bundespflegesatzverordnung

Der Bay.Bgm.   Der Bayerische Bürgermeister

DVBl.   Deutsches Verwaltungsblatt

DVO   Durchführungsverordnung

E   Einwohner

FAG   Finanzausgleich

GG   Grundgesetz

GKV   Gesetzliche Krankenversicherung

GO   Gemeindeordnung

GVBl.   Gemeinsames Verordnungsblatt

HNO   Hals-, Nasen- und Ohren

JKBP   Jahreskrankenhausbauprogramm

KBP   Krankenhausbedarfsplan

KG.NW.   Krankenhausgesellschaft Nordrhein-
                    Westfalen

KH	Krankenhaushäufigkeit
KHBV	Krankenhausbuchführungsverordnung
KHG	Krankenhaus-Gesetz (Gesetz zur wirtschaftlichen Sicherung der Krankenhäuser und der Pflegesätze)
KHG.NW.	Krankenhausgesetz des Landes Nordrhein-Westfalen
KHKG	Krankenhaus-Kostendämpfungsgesetz
KHNG	Krankenhaus-Neuordnungsgesetz
KU	Krankenhaus-Umschau
KV	Kassenärztliche Vereinigung
KVKG	Krankenversicherungs-Kostendämpfungsgesetz
LkrO	Landkreisordnung
MAGS	Der Minister für Arbeit, Gesundheit und Soziales
MBl.NW.	Ministerialblatt des Landes Nordrhein-Westfalen
Mibla.KGNW	Mitteilungsblatt der Krankenhausgesellschaft Nordrhein-Westfalen
MP	Mehrjahresprogramm
NRW	Nordrhein-Westfalen
PKV	Private Krankenversicherung
Opf	Oberpfalz
RdErl.	Runderlaß
RVO	Reichsversicherungsordnung

StMAS   Staatsministerium für Arbeit und
                        Sozialordnung

VD   Verweildauer

VW   Verweildauer

Vorwort

Reformen des Gesundheitswesens werden zwar im Bundestag verabschiedet, doch hängt ihr Erfolg entscheidend vom Programmvollzug ab. Diese Arbeit setzt sich zum Ziel, den komplexen
und vielschichtigen Zusammenhang von Zielsetzung und Durchführung von Krankenhauspolitik am Beispiel des Gesetzes zur
wirtschaftlichen Sicherung der Krankenhäuser und der Pflegesätze (KHG) von 1972 aufzuarbeiten und zu analysieren.

Im Forschungsansatz unterscheidet sich diese Studie von anderen
Untersuchungen im Bereich der Gesundheits- und Krankenhauspolitik in drei wesentlichen Punkten. Einmal wird aus der Perspektive vor Ort der Programmvollzug erfaßt und die Auswirkungen
des Bundesgesetzes auf das Verhältnis von Krankenhäusern zu
staatlichen und kommunalen Behörden sowie auf die Versorgungsstrukturen in den Flächenstaaten Bayern und Nordrhein-Westfalen
systematisch-empirisch abgefragt. Zum anderen wird der Programmvollzug nicht nur aufgrund zentral gesetzter Zielsetzungen und
Regelungen beschrieben und analysiert, sondern es wird der
Frage nachgegangen, inwieweit örtlich und überörtlich bestehende demographische und sozio-ökonomische Strukturen und das entsprechende politische und institutionelle Umfeld auf die Verwirklichung der Zielsetzungen des KHG einwirken. Dies führt zum
dritten Punkt.

In Ergänzung zu geläufigen Ansätzen in der Implementationsforschung werden politisch-administrative, verfassungsrechtliche
sowie ökonomische und soziale Rahmenbedingungen und historisch
gewachsene Versorgungs- und Bevölkerungsstrukturen, die länderweise sehr unterschiedlich sind, bewußt thematisiert. Dabei
stehen zwei Annahmen im Vordergrund. Durch den Bund eingeleitete
Reformen und das dem Bund dabei unterschiedlich zur Verfügung
stehende Instrumentarium zur Lenkung der Dienstleistungs- und
Versorgungsstrukturen wie etwa im Bereich der Gesetzlichen
Krankenversicherung (GKV) und des ambulanten und stationären
Sektors sind wesentliche Determinanten, die den Programmvollzug
in den Untersuchungsgebieten nachhaltig beeinflussen. Umgekehrt
werden Versorgungsstrukturen und länderspezifische Gestaltungs-
und Verwaltungspraktiken selbst als eigenständige Einflußgrößen
verstanden, die zum Teil auf unterschiedliche Zielvorstellungen
in der Gesundheits- und Krankenhauspolitik der Länder zurückgehen und zum Teil durch bestimmte Verwaltungstraditionen bedingt sind. Diese Rahmenbedingungen können Innovationen ermög-

lichen, aber auch entscheidend hemmen. Inwieweit die vom Bund
vorgegebenen Zielvorstellungen und Lenkungs- und Steuerungsinstrumente, oder aber die Rahmenbedingungen und bestehenden
Versorgungsstrukturen in den Ländern letzlich den Ausschlag für
die erfolgreiche Durchführung des KHG geben, ist die zentrale
Fragestellung dieser Untersuchung.

Zur Überprüfung dieser Thesen mußte ein langer Zeitraum gewählt
werden. Dabei erschienen die Verhältnisse im Krankenhauswesen
in der Bundesrepublik allgemein und in Bayern und Nordrhein-
Westfalen als Flächenstaaten im besonderen in der Nachkriegszeit
wesentlich. Sie sind Ausgangsbedingungen für die Durchführung
des KHG.   Dieses trat 1972 in Kraft und wurde am 21.12.1981
durch das Krankenhaus-Kostendämpfungsgesetz (KHKG) novelliert.
Am 1.1.1985 trat das Krankenhaus-Neuordnungsgesetz (KHNG) in
Kraft, das eine gänzlich neue Entwicklungsperiode einleiten
dürfte. Diese Studie ist mit der Analyse der Entwicklung und
Anwendung von Krankenhauspolitik im Zeitraum von 1950 bis
1984 befaßt. Zur Einschätzung des Wirkungseffektes des KHG muß
zwischen kurzfristigen und langfristigen, antizipierten und
unerwarteten, sowie direkten und indirekten Auswirkungen unterschieden werden. Diese können entweder auf Bundesvorgaben oder
aber auf die Bedingungen der Krankenhauspolitik und - verwaltung
und die in den Ländern bestehenden Versorgungsstrukturen zurück-
geführt werden. Beide können nachhaltig auf den Programmvollzug
einwirken. Im Verständnis dieser Arbeit werden historisch bedingte Versorgungsstrukturen als das kumulative Ergebnis bewußt
rational entschiedener Krankenhauspolitik in den einzelnen
Ländern und als Ergebnis zahlreicher in der Vergangenheit rein
zufällig getroffener Entscheidungen einer Vielzahl von Akteuren
auf Bundes- und Landesebene angesehen.

Die Krankenhausbedarfsplanung und -finanzierung fängt nicht
mit der Verabschiedung des KHG von 1972 an. Krankenhausbedarfsplanung und -finanzierung war und ist in politischen Entscheidungen und administrativen Routinen, Verfahrensweisen und krankenhausplanerischen Maßnahmen der Länder, Gemeinden und einzelner Krankenhäuser in der Vergangenheit verankert.

Die Untersuchung geht deswegen von der Hypothese aus, daß
länderspezifische Rechts- und Verordnungsverfahren im allgemeinen und Förder-, Feststellungs- und Planungspraktiken im besonderen auf die Anwendung neuer Zielsetzungen und Regelungen des
Bundes fördernd, aber auch hemmend einwirken können. Dasselbe
gilt auch für die Rahmenbedingungen und die Versorgungsstruk-

turen. Welche Reformvorstellungen sich angesichts dieser Einflußfaktoren kurz- oder langfristig verändern lassen, soll in
der nachfolgenden Analyse beantwortet werden.

Die Ergebnisse dieser Untersuchung sind wesentlich für die
Krankenhauspolitik in den 80iger Jahren. Neue Zielvorstellungen
und Programmelemente werden zusammen mit den alten Vorgaben und
Instrumenten des KHG auf das Krankenhauswesen der Zukunft einwirken. Ganz entscheidend für die Krankenhauspolitik der mit dem
KHNG im Jahr 1985 beginnenden Epoche wie für die Zeit vor 1972
dürfte sein, daß sich zwar die Ziele und Instrumente verändert
haben mögen und auch weiterhin noch verändern werden, daß aber
nach wie vor ähnliche Bedingungen in der Krankenhausversorgung
wie schon Anfang der 70iger Jahre weiterhin bestehen. Auch im
Kräfteparallelogramm der vorherrschenden Krankenhausinteressen
und -strukturen dürfte sich relativ wenig geändert haben. Jede
Umsetzung neuer Vorstellungen zur Krankenhauspolitik wird unabhängig vom Inhalt auch durch die gleichen bürokratischen Entscheidungsträger in großem Maße kontrolliert und bestimmt werden
und muß sich mit ähnlichen Interessengegensätzen auseinander-
setzen wie in der Vergangenheit. Die Aufarbeitung dieser Zusammenhänge kann einen wichtigen Beitrag zur Einschätzung der
Frage leisten, inwieweit vom Bund und den Ländern gesetzte
Zielsetzungen und adoptierte Instrumente zur Lenkung und Steuerung des Krankenhauswesens sich in Zukunft auch unter veränderten politischen Verhältnissen im Rahmen bestehender Herrschafts-
und Einflußstrukturen sinnvoll verwirklichen lassen.

Diese Studie wurde während mehrerer Gastaufenthalte am Wissen-
schaftszentrum Berlin dank einer Beurlaubung von der City
University of New York und mit finanzieller Unterstützung des
Internationalen Instituts für Management und Verwaltung und
des Präsidiums des Wissenschaftszentrums Berlin durchgeführt.
Dem damaligen Direktor des IIMV, Herrn Professor Dr. Fritz W.
Scharpf, und dem Präsidenten des Wissenschaftszentrums Berlin,
Herrn Professor Dr. Meinolf Dierkes, schulde ich besonderen
Dank. Ich hatte auch die großzügige Unterstützung von Experten
und Referenten staatlicher und kommunaler Behörden, bei Allgemeinen Ortskrankenkassen und den Landesverbänden, den Krankenhausgesellschaften sowie den Kassenärztlichen Vereinigungen
und ihren regionalen Untergliederungen in Bayern und Nordrhein-
Westfalen. Diese Experten haben wertvolle Zeit zur Beantwortung
und Klärung zahlreicher Fragen zur Verfügung gestellt. Ihnen
allen bin ich zu ganz besonderem Dank verpflichtet. Da Vertrau-
lichkeit bei den Gesprächen zugesichert wurde, muß verzichtet

werden, die persönlichen Quellen im einzelnen anzugeben.

Bei der technischen Vorbereitung des Manuskripts hatte ich die
Unterstützung von Herrn Dr. Michael R. Dohan, Direktor des
Social Science Laboratory for Research and Teaching am Queens
College, der die Computeranlagen des Laboratory großzügig zur
Verfügung stellte. Auch ihm möchte ich danken.

Christa Altenstetter

New York, Januar 1985

1. Einleitung

Grob vereinfachend läßt sich sagen, daß die Gesundheitspolitik
westlicher Industrienationen einer Art 'magischem Dreieck'
gegenübersteht:

Das **Ausgabenvolumen** im Gesundheitswesen soll konstant gehalten
oder sogar reduziert werden. Im Hinblick auf dieses Ziel werden
sowohl **kostendämpfende Maßnahmen** als auch präventive Maßnahmen
(z.B. Gesundheitsaufklärung, Beseitigung gesundheitsgefährden-
der Faktoren in der Lebensumwelt) als geeignet angesehen.

Qualität und Quantität gesundheitsbezogener Dienstleistungen
und Einrichtungen (ambulante Behandlung in Arztpraxen, stationäre Behandlung in Krankenhäusern, Kur- und Rehabilitationsmaß-
nahmen) sollen aufrechterhalten werden oder - unter Berücksichtigung des medizinischen Fortschritts - sogar verbessert werden.
Im Hinblick auf dieses Ziel werden **kostenintensive Maßnahmen**
wie die Verbesserung der medizinischen Ausbildung, die Ausstattung von Krankenhäusern und Arztpraxen mit neuesten medizinischen 'Apparaten' sowie die Umsetzung naturwissenschaft-
licher Erkenntnisse in neue Heil-, Hilfs- und Arzneimittel als
geeignet angesehen.

Für alle Bevölkerungsschichten und -gruppen soll unter dem
Gebot des verfassungsmäßig abgesicherten Gleichheits- und
Sozialstaatsprinzips "**gleicher Zugang**" zur Qualitätsmedizin
gewährleistet sein. Im Hinblick auf dieses Ziel sollen regionale Unterschiede in der medizinischen Versorgung (z.B. Stadt-
Land-Gefälle) sowie die bisherige Unterausnutzung gesundheitsbezogener Dienstleistungen durch sozial Schwache beseitigt
werden.

Bei dem Bemühen, diesem 'magischen Dreieck' durch gesundheits-
politische Programme gerecht zu werden, hat sich gezeigt: die
Beschaffenheit der **Programme** allein erlaubt noch keine Aussagen oder Prognosen über die voraussichtliche Wirksamkeit
damit verbundener Maßnahmen; vielmehr hängt diese in ebenso
starkem Ausmaß von der Beschaffenheit des **Implementationsfeldes**
und der **Implementationsstruktur** ab.

Damit rücken vor dem Hintergrund des Scheiterns zahlreicher Programme in verstärktem Maße die organisatorischen Domänen und Strukturen der beteiligten Akteure (Behörden, Arztpraxen, Krankenhäuser, örtliche Krankenkassen usw.) sowie die zwischen diesen Akteuren bestehenden Interorganisationsnetze (z.B. Verhandlungssysteme) in den Mittelpunkt des praktischen und wissenschaftlichen Interesses. In föderalistisch strukturierten Staaten wie der Bundesrepublik Deutschland richtet sich darüber hinaus die Aufmerksamkeit auf die verschiedenen Ebenen (Bundes-, Landes- und Kommunalebene), auf denen spezifische Formen der Abgrenzung organisatorischer Domänen und der kooperativen oder konflikthaften Interorganisationsbezüge den Prozeß der Programmimplementation beeinflussen.

1.1.   Erkenntnisleitende Fragestellungen und begrifflich-theoretischer Rahmen

Vor dem Hintergrund dieser Erfahrungen sind die **erkenntnisleitenden Fragestellungen** der vorliegenden Studie formuliert worden:

1.   Wie reagieren die Krankenhäuser und Krankenkassen auf die Vorgaben krankenhauspolitischer Programme, und welche Maßnahmen ergreifen sie, um sowohl ihre gewachsenen Domänen zu erhalten als auch an der Programmverwirklichung - zumindest in dem gesetzlich vorgeschriebenen Maße - mitzuwirken?

2.   Wie reagieren die Landes- und Bundesverbände der Krankenkassen und die Krankenhausgesellschaften auf diese Vorgaben, und welche Empfehlungen oder Entscheidungsprämissen formulieren sie für ihre Mitglieder, um sowohl ihre gewachsenen Domänen zu sichern als auch ein Mindestmaß an gutem Willen bei der Programmverwirklichung zu demonstrieren?

3.   Welche Maßnahmen werden von den zuständigen öffentlichen Stellen (z.B. örtliche Gesundheitsämter, staatliche Verwaltungs- und Aufsichtsstellen auf Landes- und Bundesebene ergriffen, um die Programmverwirklichung sicherzustellen, oder um Programmrevisionen zu veranlassen?

4.   Welche Zusammenhänge bestehen zwischen

a) den organisatorischen Domänen der verschiedenen beteiligten Akteure,

b) den kooperativen oder konflikthaften Inter-Organisa-
   tions-Beziehungen zwischen diesen Akteuren sowie

c) den verschiedenartigen Interpretationen krankenhauspolitischer Programme und daraus resultierenden Imple-
   mentationsmaßnahmen?

Mit der Formulierung dieser erkenntnisleitenden Fragestellungen
wurde an implementationstheoretische und empirische Wissens-
bestände angeknüpft (Mayntz, 1980; 1983; Altenstetter und
Bjorkman, 1978; Hanf und Scharpf, 1978; Grunow, Hegner und
Schmidt, 1981; Grunow, Hegner, Lempert, Dahme, 1979). Vor
allem wurde dem Sachverhalt Rechnung getragen, daß Probleme
der Programmimplementation auf mehreren Ebenen auftauchen,
woraus sich verschiedenartige Rückwirkungen auf die (Un-)Wirk-
samkeit staatlicher Steuerungs- und Kontrollversuche ergeben
können. Unter Modifikation der Überlegungen von Berman (1978)
wurde unterschieden zwischen a) den Implementationsschwierigkeiten, die sich bei der Umsetzung bundes- oder landespoliti-
scher Programme (Steuerungsversuche) in 'ausführenden' Empfehlungen oder Maßnahmen der Krankenhausgesellschaften oder der
Kassenverbände auf Bundes- und Landesebene ergeben, und b)
Implementationsschwierigkeiten, die sich bei der Erbringung
gesundheitsbezogener Dienstleistungen durch Krankenhäuser und
Krankenkassen identifizieren lassen. Mängel bei der Programmverwirklichung und Zielverschiebungen werden als Resultate
dieser Makro-und Mikro-Implementationsprozesse verstanden.

Dieser Ansatz macht eine differenziertere Betrachtungsweise
von Krankenhauspolitik erforderlich. Die von Regierungen oder
Ministerien auf Landes- und Bundesebene zentral gesetzten und
durch die zuständigen Parlamente legitimierten krankenhauspolitischen Zielsetzungen und Interventionen sind nur ein
Aspekt von Krankenhauspolitik. Ein ebenso bedeutsamer Ge-
sichtspunkt sind die mit staatlichen Programmen verbundenen Instrumente der Programmumsetzung (Steuerungsmechanismen) sowie
die im Prozeß der Programmverwirklichung ergriffenen Einzelmaßnahmen. Im Mittelpunkt der Untersuchung steht die implementierte
Krankenhauspolitik. Nur eine parallele Untersuchung sowohl
der krankenhauspolitischen Zielsetzungen und Steuerungsabsichten als auch der von den beteiligten Akteuren formulierten
Ausführungsprogramme und dabei ergriffenen Implementationsmaß-

nahmen läßt Aussagen darüber erwarten, unter welchen Voraussetzungen die programmatisch intendierten Wirkungen tatsächlich
erreicht werden können.

Die für eine empirisch-systematische Arbeit viel zu weit
gefaßten Begriffe 'implementierte Krankenhauspolitik' und
'implementierte Steuerungsabsichten' wurden thematisch auf die
Investitions-, Verteilungs- und Bedarfsplanung eingegrenzt.

Eine weitere Klarstellung zur Verortung dieser Untersuchung
ist notwendig. Folgt man einem verfassungs- oder verwaltungs-
rechtlich restriktiv definierten Begriff von Maßnahmen und
Maßnahmeverwirklichung, dann werden häufig künstliche Grenzen
zwischen formal zuständigen und tatsächlich entscheidenden
sowie zwischen öffentlichen und privaten Akteuren gezogen.
Sie müssen nicht mit den subjektiven Wahrnehmungen der beteiligten Akteure und mit den tatsächlich vorgefundenen Durchset-
zungschancen übereinstimmen. Dies gilt auch für den Bereich
der Krankenhausdienste: neben staatlichen und kommunalen
Stellen wirken hier Körperschaften des öffentlichen Rechts
(mit Selbstverwaltungsorganen) sowie Trägerverbände, Wohlfahrts-
verbände und privatwirtschaftliche Betriebe (z.B. Arztpraxen,
Apotheken) zusammen. Zwar wird in der wissenschaftlichen Diskussion die 'Verwischung' der Grenzen zwischen formal zuständigen und faktisch entscheidenden Akteuren sowie zwischen
öffentlichen und privaten Maßnahmeträgern seit längerem als
gegeben vorausgesetzt; jedoch sind die in diesem komplexen
Inter-Organisations-Geflecht ablaufenden Planungs- und Entscheidungsprozesse bisher kaum empirisch-systematisch darauf-
hin untersucht worden, an welchen Stellen eine solche
'Verwischung' nachweisbare Auswirkungen auf die Implementation
krankenhauspolitischer Programme hat.

Ziel einer empirischen Krankenhauspolitik- und Implementations-
studie ist: durch die detaillierte Beschreibung der bei der
Umsetzung krankenhauspolitischer Programme auftretenden Probleme und 'Störfaktoren' sollen empirische Grundlagen für ver-
allgemeinerungsfähige Aussagen über den Zusammenhang zwischen
organisatorischen Domänen, Inter-Organisations-Geflechten und
implementationsbedingten Programmabweichungen gewonnen werden.

Ein gängiger Ansatz in der Implementationsforschung besteht
darin, ein Ziel- oder Reformprogramm zum Ausgangspunkt der
Untersuchung zu machen und Implementationsabweichungen oder
Vollzugsdefizite und ihre Ursachen aufzudecken. Nicht zufällig

nahm die Implementationsforschung zeitlich nach der Verabschiedung zahlreicher Great Society Programme in den Verei-
nigten Staaten oder nach der Verabschiedung von sozialliberalen Reformprogrammen in der Bundesrepublik ihren Auf-
schwung. Doch diese Verengung auf ein Zielprogramm, gar noch
auf ein Reformprogramm, dessen Erfolg oder Mißerfolg innerhalb einer relativ kurzfristig begrenzten Zeitperiode gemessen
werden soll, ist weder theoretisch noch historisch-empirisch
begründet. Gerade die Inter-Organisations-Geflechte in einem
relativ 'alten' Politikfeld wie dem der Gesundheits- und
Krankenhauspolitik sind zu einem großen Teil institutionell
und politisch-historisch bedingt.

Methodenprobleme dürfen den Zugang und die Bearbeitung solcher
Zusammenhänge nicht versperren. Interviews und schriftliche
Umfragen bei den formal und informal beteiligten Akteuren
sind wichtige methodische Hilfsmittel zum Nachzeichnen gegenwärtiger Inter-Organisations-Geflechte. Für die Erfassung
solcher Vernetzungen in der Vergangenheit stehen andere
methodische Ansätze zur Verfügung wie etwa alte 'graue Literatur', Quellenstudium von Verordnungen und Erlassen, Aktenstu-
dium und dergleichen. Entsprechend wurde bei dieser Arbeit
methodisch auf verschiedenen Ebenen gearbeitet.

Die Verengung der Implementationsforschung auf ein Reform-
oder Zielprogramm zieht andere Konsequenzen nach sich. Inter-
Organisations-Geflechte werden zwar tiefenscharf identifiziert
und aufgegriffen sowie erklärt. Doch werden dabei kontextuelle
Zusammenhänge ausgeblendet, die u.U. wesentliche Ursachen für
Abweichungen im Programmvollzug sein können. Um solche Inter-
dependenzen zwischen politischem und institutionellem sowie
sozio-ökonomischem Umfeld und Programmvollzug nicht von vornherein auszuklammern, wurde die Untersuchung auf zwei Bundesländer bzw. auf städtische und ländliche Regionen in diesen
Ländern begrenzt.

Die schematische Darstellung faßt die wesentlichen Prämissen
über Kausalzusammenhänge und Einflußfaktoren beim Programmvollzug zusammen, die näher auf ihre Validität hin überprüft werden
sollen. Grob vereinfachend wird von sechs Gruppen von Einflußfaktoren auf die Entscheidungsfindung und Programmumsetzung
(Umsetzungsmechanismen) durch unterschiedliche Akteure ausgegangen:

Einflußfaktoren auf die Entscheidungsfindung
und Programmumsetzung
in den Untersuchungsgebieten

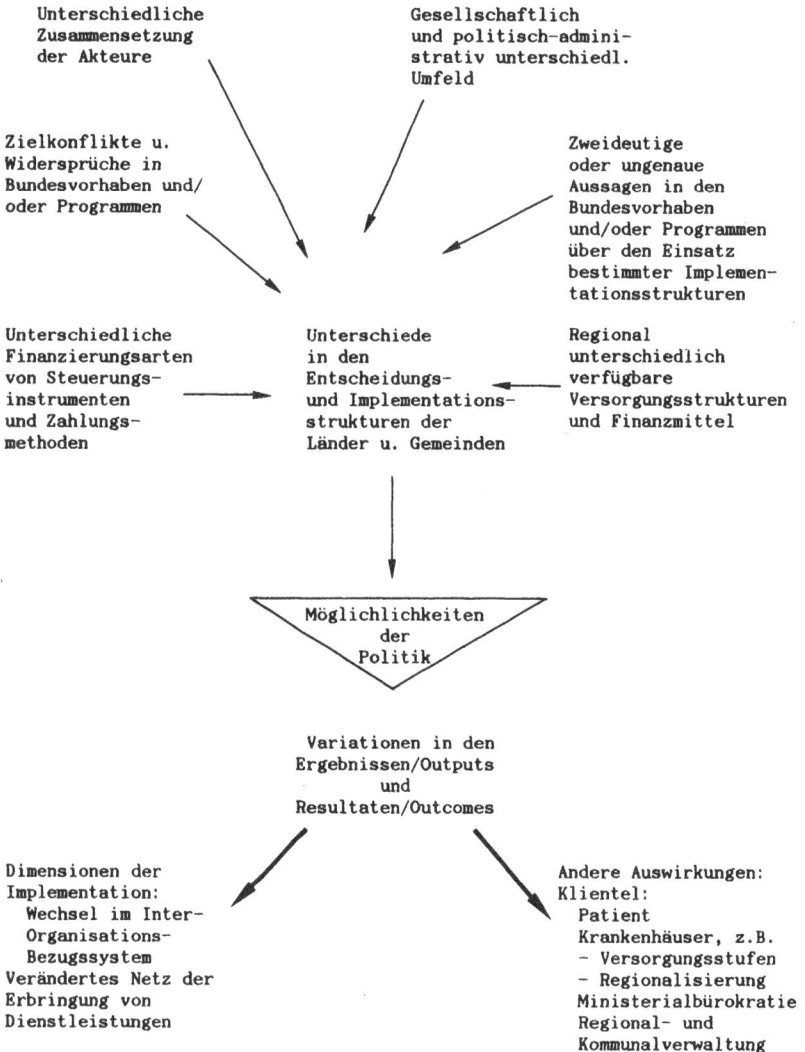

Unterschiedliche
Zusammensetzung
der Akteure

Gesellschaftlich
und politisch-admini-
strativ unterschiedl.
Umfeld

Zielkonflikte u.
Widersprüche in
Bundesvorhaben und/
oder Programmen

Zweideutige
oder ungenaue
Aussagen in den
Bundesvorhaben
und/oder Programmen
über den Einsatz
bestimmter Implemen-
tationsstrukturen

Unterschiedliche
Finanzierungsarten
von Steuerungs-
instrumenten
und Zahlungs-
methoden

Unterschiede
in den
Entscheidungs-
und Implementations-
strukturen der
Länder u. Gemeinden

Regional
unterschiedlich
verfügbare
Versorgungsstrukturen
und Finanzmittel

Möglichlichkeiten
der
Politik

Variationen in den
Ergebnissen/Outputs
und
Resultaten/Outcomes

Dimensionen der
Implementation:
   Wechsel im Inter-
   Organisations-
   Bezugssystem
Verändertes Netz der
Erbringung von
Dienstleistungen

Andere Auswirkungen:
Klientel:
   Patient
   Krankenhäuser, z.B.
   - Versorgungsstufen
   - Regionalisierung
Ministerialbürokratie
Regional- und
Kommunalverwaltung

1.2.   Anlage der vergleichenden Untersuchung

Aus dieser Zielsetzung ergaben sich bestimmte Anforderungen
an die Anlage der empirischen Untersuchung.

In zwei Flächenstaaten (Bayern und Nordrhein-Westfalen) wur-
den je zwei Versorgungsregionen ausgewählt. Bei der Auswahl
hat neben sozial- und wirtschaftsstrukturellen Merkmalen (z.B.
Stadt-Land-Gefälle; Zahl der Einwohner pro qm) vor allem die
Frage eine Rolle gespielt, wie diese Regionen mit medizinischen
Einrichtungen ausgestattet sind (z.B. Zahl der niedergelassenen
Allgemein- und Fachärzte; Zahl und räumliche Verteilung der
Krankenhäuser).

Die strukturellen Unterschiede zwischen Bayern und Nordrhein-
Westfalen sind folgende: In Bayern, dem mit 70.551 qkm
(= 28,4 % des Bundesgebietes) flächenmäßig größten Bundesland
(Nordrhein-Westfalen: 34.054 qkm = 13,7 % des Bundesgebietes
lebten 1982 17,8 % der deutschen Bevölkerung (Nordrhein-Westfalen: 27,5 %). Auf einer bebauten Fläche von 19,3 % (Nordrhein-Westfalen: 25,2 %) lag die Siedlungsdichte mit 5.110
Einwohnern/qkm niedriger als in Nordrhein-Westfalen mit
6.219 Einwohnern/qkm. Im Mai 1982 lebten in Bayern mit 5,148
Mio Einwohnern 19,2 % der Erwerbstätigen, in Nordrhein-Westfalen mit 6,883 Mio Einwohnern 25,7 % aller deutschen Erwerbstätigen. Von den 2,196 Mio Arbeitslosen des gesamten Bundesgebietes mit Stand vom 31.8.1983 lebten 325.922 in Bayern und
711.604 in Nordrhein-Westfalen.

Die Versorgungsgebiete in Bayern sind das Stadtgebiet von
München und die Oberpfalz, besonders die Landkreise Schwandorf
Cham, Neustadt a.d. Waldnaab, Weiden i.d. Opf. und Regensburg,
in Nordrhein-Westfalen die Stadt Düsseldorf und die ländlichen
Gebiete im Regierungsbezirk Arnsberg, Hochsauerlandkreis, Kreis
Olpe und Siegen.

Die Region München hatte 1970 mit 2,08 Mio die höchste Einwohnerzahl aller bayerischen Regionen, somit 19,8 % der Bevölkerung Bayerns. Bis 1970 hatte die Landeshauptstadt München ein
hohes Wachstum zu verzeichnen: allein 58 % Einwohnerzuwachs
innerhalb der Planungsregion München. Auch für die Planungsregion selbst ergab sich innerhalb Bayerns ein Zuwachs von
36,3 % der Bevölkerung. Diese Zuwachsraten flachen in der Fol-
gezeit kontinuierlich ab, um 1975 fast zum Stillstand zu kommen. Im Jahr 1977 war etwa 30 % der Münchner Bevölkerung älter

als 60 Jahre.

Die bayerischen Landkreise liegen in der Planungsregion-Nord
im mittleren und nördlichen Teil des Regierungsbezirks Oberpfalz, der eine Fläche von 191 qkm mit rund 482.000 Einwohnern
umfaßt. Östlich grenzt die Region an die Tschechoslowakei.
Das gesamte Gebiet der Region ist infolge der dünnen Besiedlung
(93E/qkm, die weit unter dem bayerischen Durchschnitt (154E/qkm)
liegt, als ländlicher Raum ausgewiesen. Darüber hinaus ist das
Gebiet noch durch einen starken Wanderungsverlust, ein unter-
durchschnittliches Bruttoinlandprodukt, d.h. niedriges Pro-Kopf-
Einkommen sowie einen niedrigen Besitz im tertiären Bereich als
ein strukturelles Problemgebiet gekennzeichnet (Bayerisches
Staatsministerium für Landesentwicklung und Umweltfragen, 1977).
Das Lohn- und Gehaltsniveau der Region lag 1976 merkbar
(1.947 DM) unter dem bayerischen und deutlich unter dem Bundesdurchschnitt (3.879 DM).

Regensburg liegt in der Region Regensburg (5.148qkm, rd.549.000
Einwohner), die am Ostrand des Bundesgebietes in einer Nord-
Süd-Ausdehnung von 45 km und einer West-Ost-Ausdehnung von
rd. 140 km verläuft (Bayerisches Staatsministerium für Landesentwicklung und Umweltfragen, 1975). Regensburg ist die einzige
Großstadt Ostbayerns. Hinsichtlich der Siedlungs-, Bevölkerungs-
und Wirtschaftsstruktur bestehen merkliche Unterschiede. Der
Westen und der Osten der Region sind strukturelle Problemge-
biete, die die Landkreise Cham, Neumarkt i.d.Opf. und Kelheim
einschließen. Regensburg wurde zum Verdichtungsraum bestimmt.

Die Stadt Düsseldorf liegt im Versorgungsgebiet 1, das aus den
kreisfreien Städten Düsseldorf, Remscheid, Solingen und Wuppertal sowie aus dem Kreis Mettmann besteht. Dort lebten Ende 1976
über 11 Mio Einwohner. Die Stadt Düsseldorf ist das einzige
Oberzentrum der höchsten Stufe im Versorgungsgebiet (d.h. mit
einem Versorgungsbereich über 2 Mio Einwohner).

Die Grenzen des ländlichen Hochsauerlandkreises mit etwa 270.000
Einwohnern Mitte der 70er Jahre sind deckungsgleich mit dem
Versorgungsgebiet 15, dem einzigen Krankenhausversorgungsgebiet
in Nordrhein-Westfalen, dessen Grenzen mit den Verwaltungsgrenzen übereinstimmen. Im Norden grenzt der Hochsauerlandkreis an
den Kreis Soest und die Kreise Paderborn und Höxter, im Süden
an die Kreise Olpe und Siegen (Versorgungsgebiet 16) und im
Westen an den Märkischen Kreis. Die Landesgrenze nach Hessen
bildet die östliche Grenze. Der Kreis Olpe und der Kreis Siegen

mit zusammen 411.526 Einwohnern per 31.12.1975 liegen im Ver-
sorgungsgebiet 16. Mit Ausnahme des Kreises Siegen, der als
städtisches Verflechtungsgebiet, und die kreisangehörige Stadt
Olpe, die als Gemeinde mit zentralörtlicher Bedeutung für einen
Versorgungsbereich von mehr als 50.000 Einwohner ausgewiesen
wurde, sind alle übrigen Bereiche im Versorgungsgebiet nach der
Landesentwicklungsplanung in Nordrhein-Westfalen ländliche
Zonen.

Die Wahl von Versorgungsregionen, die signifikante Unterschiede in demographischen, versorgungsrelevanten, wirtschafts- und
erwerbsstrukturellen Kriterien aufweisen, stand Pate beim For-
schungsdesign. Dies hatte automatisch zur Folge, daß die in
diesen Gebieten bestehenden Krankenhäuser und die dort tätigen
Krankenkassen ins Zentrum der Untersuchung rückten (Altenstetter, 1982-1). Sofern implementierte Krankenhauspolitik von
Entscheidungen durch Behörden und das politische System Bayerns
und Nordrhein-Westfalens abhängig ist, rückten die für diverse
Aspekte des Programmvollzugs zuständigen Behörden in den
Vordergrund.

Historisch-strukturellen Zusammenhängen in ihrer Raumbezogenheit wird genauso viel Aufmerksamkeit gewidmet werden wie den
Programmzielen und -instrumenten selbst. Raumbezogenheit und
historische und institutionelle Kontexte können nur über eine
Kombination von qualitativen und quantitativen Analysen ange-
gangen werden. Da die meisten Tatbestände der Krankenhausbedarfsplanung und -finanzierung und die Bedingungen des Programmvollzugs qualitativer Art sind, steht deswegen die qualitative Analyse im Vordergrund.

Seit Mitte der 50iger Jahre wurden zahlreiche Veränderungen
der GKV und anderer Bereiche im Gesundheits- und Krankenhauswesen durch Bundesgesetze und Bundesabsprachen zwischen den
zwei korporatistischen Gruppierungen, der Ärzteschaft und den
Kassen, durchgeführt. Im gleichen Zeitraum wurden in der Unter-
suchungsperiode in Bayern und Nordrhein-Westfalen Reformen unterschiedlicher Art vorgenommen, die auf die Krankenhausbedarfsplanung und -finanzierung und auf die Krankenhausversorgung einwirken und deswegen einen systematisch-empirischen Zeit- und
Zwei-Ländervergleich erschweren. Um die Verwaltungsstrukturen
und -grenzen an die durch Urbanisierung und Industrie- und Ar-
beitsstättenansiedlung geschaffenen Bedingungen anzupassen,
wurden kommunale Neugliederungen durchgeführt, wodurch in einigen Fällen die Raumgrenzen der Untersuchungsgebiete von 1955

nicht mehr mit denen von 1984 übereinstimmen. Zwei Gebiete sind
von dieser Problematik besonders betroffen. In Bayern handelt
es sich um die Landkreise, die im Großlandkreis Schwandorf
(Regierungsbezirk Oberpfalz) aufgingen, in Nordrhein-Westfalen
um den Hochsauerlandkreis im Regierungsbezirk Arnsberg. Im
Zusammenhang mit diesen Neugliederungen sind eine Konstante und
eine Variable zu konstatieren. Die Krankenhauslandschaft in den
betreffenden Landkreisen bleibt in ihren groben Versorgungsstrukturen, im Standort und in der Trägerschaft fast unverändert
bestehen. Die Politikdiskussion über Krankenhausversorgungs-
und -planungsfragen verlagert sich in die neuen Diskussionsebenen.

Die größten Schwierigkeiten für einen systematischen Zeitver-
gleich ergeben sich als Folge der rechtlichen Neuordnung der
Pflegesatzgestaltung und der Krankenhausfinanzierung. Durch
beide Reformen wurden neue inhaltliche Tatbestände im Bereich
des Rechts, der Verwaltungsvorschriften, der Finanzierung und
anderer Gebiete geschaffen, die den Vergleich von amtlich
aggregierten Daten in vielen Fällen ad absurdum führen.

In den genannten Versorgungsregionen sind in der Zeit zwischen
September und Dezember 1978 strukturierte Expertengespräche mit
Kommunalbehörden, Regierungspräsidien, Fachministerien, Kranken-
kassenverbänden, Krankenhausgesellschaften und Krankenkassen
geführt worden. Insgesamt wurden über 120 Gespräche persönlich
durchgeführt.

Die unterschiedliche Beschaffenheit der Domänen (Klientel, Aufgaben und Leistungen, Zuständigkeiten) machte es erforderlich,
daß auf der Basis eines Grundmusters insgesamt 15 verschiedene
Gesprächsleitfäden entwickelt wurden. Im Mittelpunkt aller Gesprächsleitfäden standen Fragen der Investitions-, der Vertei-
lungs- und der Bedarfsplanung für medizinische Einrichtungen
und Dienstleistungen.

Die Auswertung dieser oft mehrstündigen Gespräche warf erhebliche Schwierigkeiten auf. Es wurden verschiedene Auswertungs-
muster entwickelt und anhand des Materials überprüft. Alle
greifbaren statistischen Unterlagen, 'graue Materialien' des
Staates, der Kommunen, der Mittelbehörden, der Krankenversi-
cherungsträger, Krankenkassenverbände und der Krankenhausgesellschaften wurden ausgewertet. Ebenfalls wurde die einschlägige Fachliteratur separat ausgewertet, damit alle relevanten
Informationen herangezogen werden konnten.

1.3. Wissensstand und Forschungslücken

Trotz Interviews und Aufarbeitung von Materialien waren die
1978 zur Verfügung stehenden Daten - auch Interviewdaten -
recht dürftig und auf drei oder vier Jahre des KHG begrenzt.
Auf viele Fragen gab es keine mit genauen Zahlen belegbaren
Auskünfte, die sich für einen systematischen Vergleich ange-
boten hätten. So berichteten alle Gesprächspartner unabhängig
von ihrer Position von der länderweise unterschiedlichen För-
der-, Feststellungs- und Planungspraxis, die sie aber nicht
mit Daten belegen konnten, oder sie referierten, daß trotz der
Grundsätze des KHG Betriebskostenzuschüsse bezahlt wurden. So
konnte punktuell von einzelnen Situationen in der Förder-,
Feststellungs- und Planungspraxis in beiden Ländern Kenntnis
genommen werden. Daß diese ad hoc Darstellungen im Feld keine
Einzelfälle waren, sondern weitverbreitete Problemsituationen
in allen Bundesländern darstellten, wurde durch die systematischen projektbezogenen Untersuchungen zur Förder- und Planungspraxis von Thiemeyer und Mitarbeitern belegt (1979a; 1979b;
1981). Diese und andere zwischenzeitlich zur Verfügung stehenden
Veröffentlichungen wie etwa die Umfragen der kommunalen Spitzenverbände über Betriebskostenzuschüsse (Anm. 6 und 7) und die
Angaben über die Art und Höhe der Finanzzuweisungen des Bundes
an die Länder erlauben einen systematischen Programm-, Zeit-
und Zwei-Ländervergleich, der 1978 nur bedingt möglich gewesen
wäre.

Daneben stehen einige politikwissenschaftliche Untersuchungen
des KHG und der Krankenhausbedarfsplanung zur Verfügung. Diese
unterscheiden sich von der vorliegenden Arbeit insofern, als
sie teilweise als kritische Analyse der Krankenhauspolitik des
Bundes (Löber, 1974), teilweise als Ländervergleich (Schnabel,
1980; Hugger, 1979) und schließlich als Gegenstand des Problems
der Koordination von Krankenhauspolitik zwischen Bund und Ländern (Schnabel, 1976) begriffen wurden. Auf die zahlreichen Auf-
sätze in den einschlägigen Fachzeitschriften und den Schriften-
reihen der Praxis wurde ebenso zurückgegriffen wie auf Kommen-
tare zum KHG und einzelnen Verordnungen des Bundes und der
Länder sowie betriebswirtschaftliche und rechtswissenschaft-
liche Studien.

Die Entwicklung des Krankenhauses vom Siechenhaus zum hochratio-
nalisierten, professionalisierten und personenbezogenen medizinischen Dienstleistungsbetrieb und zur Reparatur von Krankheit
wurde eingehend in der Literatur beschrieben und kritisiert

(Hegner, 1979). Auf die Kasernierung und bürokratische Verwaltung der Patienten (Ridder, 1978) folgt jetzt in den 80er Jahren zuerst die Forderung der Politik nach mehr Humanität im
Krankenhauswesen (1) (Noelle-Neumann, 1978) und gegenwärtig nach
Kostendämpfung und zusätzlichen Strukturveränderungen, die die
Krankenhäuser vermeintlich in die Lage versetzen sollen, ihren
zahlreichen, sehr unterschiedlichen Zielaufgaben nachkommen zu
können.

Ungeachtet der Bedeutung der Krankenhäuser in wirtschaftlicher,
arbeitsmarktpolitischer und gesundheitspolitischer Sicht, wurden
die Auswirkungen der Krankenhauspolitik auf die Krankenhäuser
erst in relativ jüngster Zeit thematisiert und einer systematischen Durchleuchtung unterzogen. Dabei standen Interessen am
Krankenhaus als einer Einrichtung zur Diagnose, Therapie,
Pflege und Versorgung besonders im Vordergrund. Aber auch das
Krankenhaus als Adressat deutscher Krankenhauspolitik wurde
zusehends einer systematisch-empirischen Untersuchung zugeführt
(Thiemeyer, 1979a, 1979b, 1981; Siebig, 1979a, 1979b), wobei
allerdings das Hauptgewicht auf betriebs- und finanzwirtschaft-
lichen Fragestellungen lag. Schließlich wurde das Krankenhaus
als Wirtschaftsbetrieb verstanden, in dem bessere Management-
methoden die Leistungsfähigkeit der Krankenhäuser steigern
sollten (Eichhorn, 1976, 1979; Müller, 1980; Laux, 1980). Über
historisch-politische und ökonomische Zusammenhänge im Krankenhauswesen und die Entwicklung der Krankenhauspolitik ist unser
Wissen derzeit noch recht lückenhaft. So wissen wir beispielsweise relativ wenig darüber, inwieweit die Vielzahl der sehr
heterogenen Krankenhäuser im Hinblick auf Trägerschaft, Zielaufgaben und Versorgungsstufen sich auf eine kontinuierliche
oder diskontinuierliche Krankenhauspolitikentwicklung stützen
und auch auf gemeinsame, relativ homogene Traditionen zurück-
blicken können. Für die Sozial- und Krankenversicherung haben
von Ferber (1977a, 381; 1977b), Tennstedt (1977) und andere
erhebliche historische Brüche aufzeigen können.

Historische Untersuchungen der Entwicklung der deutschen
Krankenhauspolitik vom Kaiserreich zur Weimarer Republik, über
das Dritte Reich zur Bonner Demokratie sind unerläßlich, um
empirisch abgesicherte und differenziertere Aussagen über die
verteilungs- und ordnungspolitische Grundrichtung der Krankenhauspolitik in Abhängigkeit von der politisch-ökonomischen Ge-
samtentwicklung machen zu können, als dies bisher geschehen ist.
Soweit die Thematik angesprochen wurde, überwiegen einseitige
Spekulationen (Kühn, 1978; 1976). Historische Untersuchungen

zur Entwicklung des Krankenhauswesens und der Krankenhauspolitik sind wichtig auch für die richtige Einschätzung, inwieweit
eine Institutionalisierung und stärkere Heranziehung der Selbstverwaltung bei der Krankenhausfinanzierung und -planung, wie
sie im Zusammenhang mit der Diskussion um die Novellierung des
KHG und der BPflV seit 1977 gefordert wurden und nunmehr mit
der Verabschiedung des KHNG am 20. Dezember 1984 verwirklicht
wurden, auch sinnvoll umgesetzt werden können.

2. Rahmenbedingungen der Krankenhauspolitik

Das KHG trat am 29.6 1972 in Kraft und verfolgte im wesentlichen drei Ziele:

1. die wirtschaftliche Sicherung der Krankenhäuser

2. die Entwicklung eines bedarfsgerecht gegliederten
   Krankenhaussystems und

3. den Beitrag sozial tragbarer Pflegesätze.

Kaum war das 'Jahrhundertgesetz' verabschiedet, wurden auch
schon die ersten Stimmen laut, die eine Novellierung des
Gesetzes forderten. Am 27.6.1977 wurde das KVKG verabschiedet.
Damit entbrannte eine von vielen Interessengegensätzen getragene neue und hart geführte Diskussion um die Novellierung des
KHG und der BPflV. Ein erster Erfolg der Gegner einer unüber-
legten Novellierung konnte in einer ersten Phase verbucht werden. Im Gegensatz zum ambulanten Bereich und der Pharmaindustrie
wurde der Krankenhaussektor zunächst nicht in eine an den Ein-
nahmen der GKV orientierten Gesundheits- und Krankenhauspolitik
eingebunden. Der Krankenhaussektor wurde vom KVKG abgekoppelt.
Die Krankenhäuser sollten von den Empfehlungen der Konzertier-
ten Aktion verschont bleiben. Nach mehrmaligen Ansätzen der
Bundesregierung, besonders des Bundesministeriums für Arbeit
und Soziales, eine Novellierung durchzusetzen, wurde das KHKG
am 21.12.1981 verabschiedet (2). Das als 'Jahrhundertgesetz'
gepriesene Gesetzgebungswerk überdauerte nicht einmal das
erste Jahrzehnt und wurde für viele Mängel der Krankenhaussituation und der erheblichen Kostensteigerungen direkt und
ursächlich verantwortlich gemacht. Die CDU/CSU Bundesländer
bestanden 1984 auf dem Abbau der Mischfinanzierung, wodurch der
Bundesarbeitsminister (CDU) all die Vorstellungen über eine
Änderung des Krankenhausrechts durchsetzen konnten, die seine
SPD-Vorgänger seit 1977 ohne Erfolg versucht hatten.

2.1.   Verfassungsrechtliche Lage

Die Krankenhausplanung und -finanzierung in Bayern und Nordrhein-Westfalen setzt ein Verständnis der verfassungsrechtli-

chen Lage in der Aufgabenverteilung zwischen Bund und Ländern
und Kenntnis der wesentlichen Bestimmungen des KHG voraus.
Diese sollen als Kurzdarstellungen dem Ländervergleich voraus-
schickt werden, die gleichermaßen auch als organisatorischer
Rahmen dienen. Die Bundeskompetenzen im Krankenhausbereich
sind im Vergleich zu anderen Teilbereichen des Gesundheitswesens relativ begrenzt und erstrecken sich auf die konkur-
rierende Gesetzgebung des Bundes zur wirtschaftlichen Sicherung der Krankenhäuser und zur Regelung der Pflegesätze (Art.
74 Abs. 19a GG). Dieser ging eine Verfassungsänderung im Jahr
1969 voraus, die die Verabschiedung des KHG ermöglichte. Vor
1972 war der Bund nur für die Regelung der Pflegesätze und
andere die GKV betreffende Fragen verantwortlich (Harsdorf
und Friedrich, 1973; Jung, 1982, 1-66).

Waren die Bundesländer damals gewillt, der Verfassungsänderung
im Grundgesetz im Jahr 1969 zuzustimmen, um dadurch den Bund an
der Finanzierung von Krankenhausinvestitionen zu beteiligen,
so bestanden sie bei der Planungszuständigkeit und allen Zuständigkeiten im Bereich des Krankenhauswesens und der Krankenhausversorgung auf dem Verbleib bei den Ländern. Sie konnten
sich auch im parlamentarischen Prozeß, der schließlich zur
Endfassung des KHG führte, nachhaltigst durchsetzen. Das KHNG
machte die Beteiligung des Bundes jetzt wieder rückgängig. Ob
extremer Föderalismus nach 1949 im Krankenhauswesen um sich
griff (Schnabel, 1980), weil verschüttete Traditionen aus dem
19. Jahrhundert zum Durchbruch kamen, soll dahingestellt bleiben (3). Tatsache ist, daß die Länder nach 1945 zuerst zögernd,
dann seit den 60er Jahren mit größeren Finanzhilfen im Krankenhauswesen tätig wurden.

Als Folge der Aufgabenzersplitterung im Krankenhauswesen mußte
für den Programmvollzug des KHG ein Koordinationsmechanismus
zwischen Bund und Ländern geschaffen werden. Bundesweit sollte
der in der Länderzuständigkeit durchgeführte Krankenhausbedarfsplan durch einen koordinierenden Bund-Länder-Ausschuß
(§ 7 KHG) für Fragen der wirtschaftlichen Sicherung der Krankenhäuser abgestimmt werden. Dem Ausschuß gehörten der Bundes-
minister für Arbeit und Sozialordnung, andere beteiligte
Bundesressorts und die zuständigen Landesbehörden an (4).

2.2.   Strategische Zielsetzungen und Verfahrensregeln

Das KHG sah eine Trennung der Investitions- von der Betriebs-
kostenfinanzierung vor. Investitionskosten umfaßten a) die
Kosten des Neu-, Um- und Ergänzungsbaus von Krankenhäusern
und der Anschaffung der für einen Krankenhausbetrieb notwendigen Wirtschaftsgüter und b) die Kosten der Wiederbeschaffung
der Güter, die zu den Anlagegütern eines Hauses gehören. Die
begriffliche Bestimmung der Investitionskosten schloß Kosten
für Grundstücke, Grundstückserwerb und Grundstückserschließung
sowie damit verbundene Kreditaufnahmen aus. Das KHKG brachte
eine Erweiterung dieser Definition (Jung, 1982). Danach gehören
nunmehr Kosten für Ausbildungsstätten, soweit sie mit den Krankenhäusern notwendigerweise verbunden und nicht nach anderen
Vorschriften aufzubringen sind (§ 2.3e KHG), zu den Investitionskosten.

Nach dem KHG sollten Investitionskosten für allgemeine Häuser
mit mehr als 100 Betten durch die öffentliche Hand, d.h. den
Bund, die Länder und Kommunen zu je einem Drittel übernommen
werden. Laufende Betriebskosten sollten durch vollpauschalierte,
tagesgleiche Pflegesätze gedeckt werden. Zusammen sollten die
Investitionsmittel und die Pflegesatzerlöse die Selbstkosten
eines sparsam wirtschaftenden und leistungsfähigen Krankenhauses
decken. In der Neufassung (KHKG) wurden diese Bestimmungen dahingehend ergänzt, daß in Zukunft Fördermittel nur in Höhe der
die Investitionszulage übersteigenden Kosten gewährt werden
sollen. Soweit sie den förderfähigen Betrag übersteigen, sollen
sie zurückgefordert werden können. Der vollpauschalierte, tagesgleiche Pflegesatz wird jetzt abgelöst durch: Hotelpauschale,
Pflegeentgelt, Behandlungspflegesatz, Sonderpflegesätze und
gesondert berechenbare Nebenleistungen.

Die ursprünglichen Intentionen des KHG sind in dem nachfolgenden Schema vereinfachend dargestellt. Daß sich in der Umsetzung
dieser Absichten zwischen Investitions- und Pflegesatzkosten
zahlreiche Verflechtungen und Substitutionen ergeben haben,
ist mittlerweile bekannt. Doch diese stellten sich nicht etwa
deswegen ein, weil irgendein Beteiligter gesetzgeberische Intentionen unterlaufen hätte, sondern weil jene, die mit Kran-
kenhauspolitikformulierung und der Entwicklung von angemessenen
Lenkungsinstrumenten befaßt waren, kaum konkrete und realisier-
bare Vorschläge zum Programmvollzug lieferten. Von etwa 8 Bun-
desverordnungen, die dabei wesentlich waren, waren im Jahr
1978 erst einige erlassen. Die von den Ländern in Ausführung

des KHG erlassenen Durchführungsbestimmungen konnten deshalb
kaum praktikabler ausfallen. Diese Zielvorgaben und Lenkungsinstrumente hatten entsprechend eher problemfördernde als
problemmindernde Wirkungen.

Finanzierungswege für Krankenhausleistungen nach geltendem Recht

1972 - 1983

Kostenart	Zahlungsweg	Quelle	
Vorhaltekosten	Bund ← Land ← Kommune ←	← Steuern und Abgaben ←	
Pflege- und Behandlungskosten	Sozial- versicherung	Vers.- beiträge	Patient sozialver- sichert, der Wahl- leistungen in Anspruch nimmt
Wahlleistung Kleines Zimmer Bad, Tel. Begleitperson	Private Versicherung	Vers. Beiträge	
Wahlleistung Behandlung durch liquidations- berechtigten Arzt			

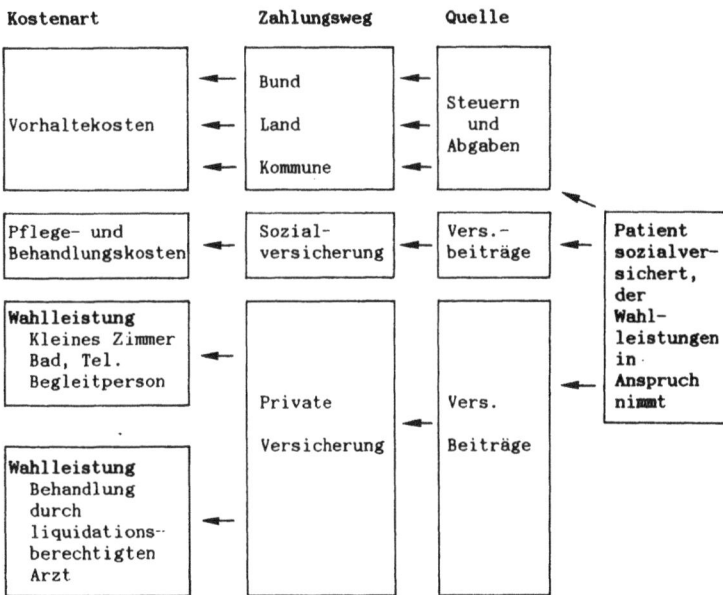

Quelle: Benz, A.E.: Reform der Reform? In: Krankenhaus-Umschau,
1976, 633.

Voraussetzung zur Förderung der Krankenhäuser durch Investitionsmittel war die Berücksichtigung bei der auf Landesebene
vorzunehmenden Krankenhausbedarfsplanung und ihre Aufnahme in
den KBP oder die Feststellung durch Länderbehörden, daß diese
Häuser zur Krankenhausversorgung der Länder wesentlich sind.
Seit 1981 gehören Ausbildungsstätten zu den bei der Krankenhausplanung zu berücksichtigenden Einrichtungen. Gleichermaßen
wurde präzisiert, daß kein Anspruch auf Feststellung der Aufnahme in den KBP und in das JKBP bestehe. Andererseits wurden

Ausgleichszahlungen beim verfügten Ausscheiden eines Krankenhauses aus dem KBP vorgesehen. Folgende Förderarten wurden
durch Gesetz bestimmt:

- Anlauf- und Umstellungskosten unter besonderen Voraussetzungen

- Ausgleichsförderung bei der Umstellung/Einstellung des
  Betriebes

- Förderung der Wiederbeschaffung von kurzfristigen Anlagegütern (3-15 Jahre) nach § 10 KHG pauschaliert auf 8,33 %
  der Bemessungsgrundlage. Im Jahr 1981 wurde die pauschale
  Förderung durch das KHKG eingeführt. Auf Antrag werden
  Pauschalen bewilligt je nach Krankenhausbett (Planbett) nach
  vier Versorgungsstufen und nicht wie bisher nach vier An-
  forderungstufen (5).

- Kosten der Nutzung von Anlagegütern (§ 11 KHG)

- Aufnahmen von Darlehen (§ 12 (1) KHG oder sog. 'alte Last')

- Ausgleichsmittel (§ 13 KHG).

Weitere Förderarten wurden durch § 9 KHG geschaffen:

- Errichtung von Krankenhäusern

- Wiederbeschaffung mittelfristiger Anlagegüter (15-30 Jahre)

- Ergänzungsbedarf

- Kosten des Grundstückserwerbs, der Grundstückserschließung,
  der Finanzierung und der Miete und Pacht von Grundstücken
  unter besonderen Umständen (§ 4,2 KHG).

Für diese Förderarten wurden plafondierte Fördermittel des
Bundes vorgesehen, wovon 80 % an die Länder nach dem Einwohner-
schlüssel transferiert wurden und 20 % zunächst vom Bundesministerium für Jugend, Familie und Gesundheit für Sonderauf-
gaben, d.h. zur Schwerpunktförderung vorgesehen waren. Seit
1976 wurden sie vom Bundesministerium für Arbeit und Sozialordnung angewiesen.

Das KHKG brachte einige Ergänzungen zu § 9 KHG. Waren bei der
Beurteilung von gerechtfertigten Kosten bis 1981 die Grundsätze
der Sparsamkeit und Wirtschaftlichkeit zu berücksichtigen, so
müssen jetzt auch Folgekosten berücksichtigt werden. Diese
Regelung diente lediglich der Klarstellung einer an sich
selbstverständlichen Tatsache, die jedoch in der Praxis der
Krankenhausbedarfsplanung gar nicht so selbstverständlich war.
Ferner können die Errichtungsmaßnahmen ganz oder teilweise auch
durch einen Festbetrag gefördert werden. Der Festbetrag kann
nach pauschalen Kostenwerten festgelegt werden. Soweit Mehr-
kosten aufgrund der Preisentwicklung und/oder einer genehmigten
Planänderung entstehen, können Fördermittel nachbewilligt werden. Ebenso besteht die Möglichkeit der pauschalen Förderung
auf Antrag eines Trägers sowie für die Errichtungsmaßnahmen,
sofern die Anschaffungs- oder Herstellungskosten für ein
Projekt DM 50.000,- ohne Umsatzsteuer nicht übersteigen
(§ 10 KHG).

2.3. Ursache für fehlerhafte Ergebnisse am Beispiel Pflegesätze

Daß das Ziel der Selbstkostendeckung durch Pflegesatz und
Fördermittel zu keiner Zeit je erreicht wurde, ist zwischenzeitlich nicht nur öffentlich bekannt, sondern entsprechende
Überlegungen flossen in die Änderung der BPflV und die Novellierung des KHG durch das KHKG und das KHNG ein. Die mangelnde
Deckung der Betriebskosten durch den Pflegesatz hat sehr unterschiedliche Ursachen, die hier nicht im einzelnen diskutiert
werden können. Für den Vollzug der Bestimmungen über die Vor-
halte- und Investitionskosten haben die wissenschaftlichen Arbeiten von Thiemeyer und Mitarbeiter überzeugende Nachweise für
die negativen Auswirkungen der Lenkungs- und Steuerungsinstrumente des KHG auf die Krankenhäuser erbracht. So haben sie
Kostenunterdeckungen für alle Krankenhäuser errechnet, wobei die
Kostenunterdeckungen bei öffentlichen Häusern deutlich größer
als bei freigemeinnützigen waren. Dies erklärten sie u.a. mit
dem Hinweis auf den leichteren Zugang zu Steuermitteln und eine
damit verbundene riskantere Ausgabenpolitik.

Um die Unstimmigkeiten zwischen defekter Lenkungsvorgabe und
der Notwendigkeit, betriebsfähige und medizinisch-pflegerisch
leistungsfähige Häuser bei der Krankenhausversorgung der Bevölkerung zu überbrücken, mußten die Landkreise und die Städte
jährlich etwa eine halbe Milliarde DM zur Finanzierung beitra-

gen, zusätzlich zu dem nach dem KHG ohnehin vorgesehenen Finan-
zierungsanteil.   Von insgesamt 188.964 Betten in kommunaler
Trägerschaft, die durch die kommunalen Spitzenverbände in der
Bundespolitik vertreten werden,   entfallen 87.268 Betten auf
Großstädte, vertreten durch den Deutschen Städtetag,   86.262
Betten auf Landkreise, vertreten durch den Deutschen Landkreis-
tag, und 15.434 Betten auf kleinere Städte und Gemeinden, ver-
treten durch den Städte- und Gemeindebund (6).

In den Jahren 1976 - 1978 betrugen die Zuschüsse zu kommunalen
und freigemeinnützigen Häusern 441 Mio DM im Jahr 1976, 470
Mio DM im Jahr 1977 und   439 Mio DM im Jahr 1978.   An dieser
Umfrage hatten sich 227 von 235 Kreisen und 104 von 135 Mit-
gliedstädten beteiligt.   In einer späteren Umfrage ermittelten
die   kommunalen   Spitzenverbände bei ihren   Mitgliedern, in
welchem Umfang sie zusätzlich zu ihren gesetzlichen Verpflichtungen Zuschüsse in den Jahren 1979, 1980 und 1981 aufbrachten,
um Krankenhäuser, die in ihrem Einzugsgebiet lagen, finanziell
zu unterstützen.   Nach dem Pressedienst des Deutschen Städte-
tages, der kommunalen Korrespondenz vom 24.6.1982, wurden von
den Städten und Kreisen insgesamt 700 Mio DM aufgewendet, davon
600 Mio DM für kommunale Krankenhäuser (7).   In diesen Zahlen
waren die Zuschüsse der Stadtstaaten Berlin, Bremen und Hamburg
nicht enthalten.

Ohne zwischen   Zuschüssen zu   Betriebskosten oder zu Investitionen zu unterscheiden, lag Bayern im Vergleich mit 7 anderen
Bundesländern in den Jahren 1979 bis 1981 mit seinen Leistungen
an erster Stelle. Dies galt für Zuschüsse der Städte an kommunale Krankenhäuser ebenso wie für Zuschüsse der Landkreise an
kreiseigene Krankenhäuser.

Trennt man die   Zuschüsse der Städte nach   Betriebskostenzu-
schüssen und nach Investitionszuschüssen, so ergibt sich, daß
sowohl die bayerischen wie die nordrhein-westfälischen Städte
über 80 %   der Gesamtsumme in den Jahren 1979 bis 1981   als
Betriebskosten zahlten.   Bei den Landkreisen differenzierten
sich die   Ergebnisse stärker als Folge der unterschiedlichen
Stellung der Landkreise im   Finanzausgleich des betreffenden
Bundeslandes. In Bayern betrugen die Betriebskostenzuschüsse
an kreiseigene Krankenhäuser circa 70 % in den Jahren 1979 bis
1981.   Hingegen betrugen sie 1979 in Nordrhein-Westfalen 70 %
und fielen dann auf 33 % im Jahr 1980 und noch weiter im Jahr
1981. Von den Zuschüssen der bayerischen Städte an kommunale
Krankenhäuser entfielen mehr als 80 %, bei den nordrhein-west-

fälischen Städten auch weit über 80 % auf die Deckung von Defiziten bei den Betriebskosten.

Zur Erklärung schrieb das StMAS (8):
    Daß es bei niedrigeren Pflegesätzen eher zu Defiziten
    der Krankenhäuser kommen kann als bei höheren, versteht
    sich von selbst. Andererseits ändert sich die aus der
    Sicht der Krankenkassen und deren Beitragszahler günstige
    Pflegesatzsituation in Bayern grundsätzlich auch dann
    nicht, wenn man die Defizite in die Betrachtung ein-
    bezieht.

Speziell auf die bayerischen Krankenhäuser bezogen bemerkt
der Landkreisverband Bayern zu den von ihm vorgelegten Zahlen selbstkritisch, "die Ursachen (für die Situation der
bayerischen Krankenhäuser) mögen in der besseren Verhand-
lungsposition der Kassen zu sehen sein. Während auf Kran-
kenkassenseite die Pflegesatzverhandlungen häufig unter
wesentlicher Mitwirkung der Arbeitsgemeinschaft der bayerischen Krankenkassenverbände geführt werden, legen viele
Kommunen großen Wert auf ihre Selbständigkeit beim Führen
der Einigungsverhandlungen; die Bayerische Krankenhausgesellschaft spielt hier - bedingt durch ihren Vereins-
status - nicht die Rolle, die der Arbeitsgemeinschaft der
bayerischen Krankenkassenverbände entspricht. Dieser Um-
stand mag in der Tat dazu führen, daß die bei der Beurteilung einzelner Kostenpositionen immer gegebenen Spiel-
räume überwiegend zu Lasten der Krankenhäuser ausgeschöpft
werden.

Die Regierungen, die für die Festsetzung der Pflegesätze
zuständig sind, sind von meinem Haus angewiesen, jeweils
eine Begründung zu verlangen, wenn Einigungsergebnisse
zwischen den Beteiligten zu niedrigeren Pflegesätzen als
ursprünglich von dem Krankenhaus beantragt geführt haben.
Solange die Krankenhäuser diese Begründung liefern, besteht für die staatlichen Festsetzungsbehörden keine Ver-
anlassung, von diesen Einigungsergebnissen abzuweichen.

Pflegesatzverhandlungen werden in Bayern zwischen Trägern und
Kassen unter Einschaltung der Arbeitsgemeinschaft der bayerischen Kassenverbände und bedingt der Bayerischen Krankenhausgesellschaft geführt. In Nordrhein-Westfalen dagegen werden
- getrennt nach Landesteilen - richtungsweisende Empfehlungen
über einen bestimmten Prozentsatz im bestehenden Pflegesatz-

verfahren zwischen der Krankenhausgesellschaft Nordrhein-
Westfalen und den Kassenverbänden (Verband der Ortskrankenkassen Rheinland und dem Landesverband der Ortskrankenkassen
Westfalen-Lippe) für das kommende Jahr landesweit verabschiedet.
Diese werden dann, unterschiedlich in den beiden Landesteilen,
umgesetzt in separaten Verhandlungen für Gruppen von Krankenhäusern (Altenstetter, 1982-2).

Es wurde dort der Standpunkt vertreten, daß über den Faktor
'Verhandlungssystem' in einem Bundesland keine verallgemeine-
rungsfähigen Schlußfolgerungen über die Signifikanz von Verhandlungssystemen analog zum ambulanten Bereich zu ziehen seien.
Verhandlungssysteme variieren stark von Bundesland zu Bundesland, und auf die in der Politikdiskussion betonte Bedeutung
des Faktors 'Verhandlungssystem' kann man sich letzlich nicht
zuverlässig stützen, da eine solche Erklärung auch ein politisches Statement sein kann. Schließlich sind Verallgemeine-
rungen über den Bestimmungsfaktor 'Verhandlungssystem' auch
deswegen nicht möglich, da der Wissensstand über die Wirksamkeit
von Verhandlungssystemen im stationären Bereich lückenhaft ist.
40 Jahre Praxis der Verhandlungsführung der kassenärztlichen
Vereinigungen und der Verbände der Kassen auf Bundes- und
Landesebene lassen sich m.E. nicht ohne Schwierigkeiten auf den
stationären Sektor übertragen. Die von der Gesundheitsökonomie
inspirierten theoretischen Modelle funktionstüchtiger Verhandlungssysteme bedürfen erst noch der empirischen Überprüfung.

2.4.   Grundsätze zur Krankenhausbedarfsplanung

Zur Krankenhausbedarfsplanung wurden bundesgesetzliche Rahmenbedingungen und folgende Steuerungsinstrumente vorgeschrieben:

    der Krankenhausbedarfsplan - KBP

    Mehrjahresprogramme - MPe

    Jahreskrankenhausbauprogramme - JKBPe.

Voraussetzung zur Förderung durch öffentliche Mittel ist die
Aufnahme der Krankenhäuser (9) in den KBP, das JKBP und in die
jährlichen Fortschreibungen des KBP sowie nunmehr in das Investitionsprogramm eines Landes. Bestand über die rechtliche
Bindung der Aufnahme in den KBP Einvernehmen, so wurde die Aufnahme eines Krankenhauses in das JKBP oder in MPe zunehmend

Gegenstand von Gerichtsurteilen bis zur höchsten Instanz (10),
wobei es zu keiner einheitlichen Rechtsprechung über den Ermessensspielraum der Planungsbehörden kam. Die Verwaltungs-
gerichte der ersten und zweiten Instanz räumten ein solches
Planungsermessen den Verwaltungsbehörden ein (DVBl.1981, 975).
Das Bundesverwaltungsgericht lehnte ein solches ab. Die Novel-
lerung des KHG zum 31.12.1981 räumte den zuständigen Länderbehörden ausdrücklich ein Planungsermessen ein. Demnach bestehen
für die Krankenhäuser keine Rechtsansprüche weder für die Aufnahme in den KBP noch in das JKBP. Ob sich der KBP damit als
absolute Normvorgabe oder als flexibler Orientierungsrahmen
durchsetzt, muß offen bleiben. Auch die Ministerialbürokratie
machte in den letzten zehn Jahren als Folge ganz unterschiedlicher Rechtsurteile gewisse Umlernungsprozesse durch.

Die Bundesländer sind für die Krankenhausbedarfsplanung im
Rahmen der vom Bund in § 6 KHG umfangreich vorgeschriebenen
Rahmenbedingungen allein zuständig (Hugger, 1979). Die unten
aufgeführten zentralen Vorgaben beziehen sich primär auf das
Procedere, doch wirken sie sich indirekt auch auf das Inhaltliche der KBPe der Länder aus ungeachtet der Tatsache, daß
einige angesprochene inhaltliche Aspekte bereits von einigen
Ländern in eigenen Planungsverfahren und Zielsetzungen schon
seit einigen Jahren vor dem Inkrafttreten des KHG entwickelt
und praktiziert wurden. Unverkennbar ist in einigen Ländern
der Einfluß der Praxis auf die Formulierung des KHG. Die vom
KHG vorgegebenen Grundsätze bezogen sich auf diese inhaltlichen
Vorstellungen:

- Größenordnung der förderungsberechtigten Allgemeinkrankenhäuser über 100 Betten

- Versorgungsstufen

- dreistufiges Planungsverfahren

- Aufstellung des Bedarfs für die unterschiedlichen Förderarten

- jährliche Fortschreibung oder Anpassung der drei Steuerungsinstrumente: KBP, MP, JKBP

- begrenzte Mitsprache der Krankenhausgesellschaften und
  Spitzenverbände bei der Aufstellung der KBPe und MPe. Bei
  der Aufnahme in das JKBP war ihre Beteiligung nicht
  vorgesehen.

Nach dem KHKG werden die Länder jetzt aufgefordert, bei der
Krankenhausbedarfsplanung die Krankenhäuser nach Standort,
Bettenzahl, Fachrichtungen und Versorgungsstufen auszuweisen.
Hochschulkliniken sollen jetzt bei der Bedarfsplanung berück-
sichtigt werden, sofern sie der allgemeinen Versorgung der
Bevölkerung dienen. Krankenhäuser werden angehalten, Großge-
räte in wirtschaftlichen Betriebseinheiten gemeinsam zu nutzen.

Alle Bundesländer werden jetzt aufgefordert, Investitionspro-
gramme, d.h. MPe und JKBP, aufzustellen, in denen die Folgekosten der Planung berücksichtigt werden sollen.

Das KHKG verlangt jetzt auch, daß Krankenhäuser, die der Trägerschaft des Bundes oder eines Trägers der Rentenversicherung und
der Unfallversicherung angehören, in Zukunft bei der Bedarfsplanung berücksichtigt werden sollen, soweit sie Aufgaben der
Allgemeinversorgung wahrnehmen. Schwierigkeiten der Einbe-
ziehung der Universitätskliniken in die Krankenhausbedarfsplanung sind bekannt. In Bayern und Nordrhein-Westfalen bestanden sie anfänglich und sollen heute wohl überwunden sein. Allerdings bedeutet diese Überwindung lediglich, daß sie bei der
Bedarfsplanung "mitgezählt" werden!

2.5.   Allgemeiner Vergleich der Krankenhausbedarfsplanung

Die Unterschiede in den Verfahrensgrundlagen in der Krankenhausbedarfsplanung zwischen den einzelnen Bundesländern sind
formal gesehen zunächst unerheblich. Mit Ausnahme von Bremen,
Hamburg, dem Saarland und Schleswig-Holstein hatten alle Länder im Jahr 1978 ein eigenes Landeskrankenhausgesetz in Ausführung des KHG verabschiedet. Die genannten vier Länder be-
dienen sich allerdings eines KBPs. Nach Schön, Kopetzky,
Janzer und Schwab (1978, 224-235) unterscheidet kein Bundesland zwischen Primär- und Sekundärbedarf, d.h. zwischen Bedarf
an stationärer Behandlung, Untersuchung und Bedarf an Betten,
Großgeräten und Leistungen. Die Autoren üben besonders Kritik
in 5 Bereichen, nämlich der unangemessenen Datenerfassung und
Datenauswertung, der unzureichenden Terminologie, der unangemessenen Bedarfseinheit Bettenzahl/Region und der fehlenden
Einteilung in Versorgungsgebiete nach Fachrichtungen (11).

Der Kritik kann man sich in einigen, aber nicht allen Punkten
anschließen. Konsensus über den Begriff Bedarf oder gar den
besten und einzigen Ansatz zur Ermittlung des Bedarfs besteht

weder in der Literatur noch in der gesundheitspolitischen und
planerischen Praxis (Vogel, 1983). Es mangelt auch an abgesicherten Kenntnissen über die tatsächlichen Einflußgrößen auf
die stationäre Versorgung. Zwar gibt es theoretische Modelle
von potentiellen Einflußgrößen, die sich fast beliebig restriktiv oder umfassend entwickeln lassen. So stellte Bruckenberger
(1978a, 79-85) eine Liste von 27 Gruppen von Determinanten, die
recht unterschiedlicher Natur sind, zusammen. Sie reichen von
demographischen, religiösen und erwerbsstrukturellen Angaben
bis zu Daten über die Zahl der Planbetten je Gruppe von Personal im Krankenhaus. Wie er darstellt, zeigen diese Einflußfaktoren erhebliche Unterschiede zwischen den Bundesländern auf,
die sicherlich durch keine einzige Planungsstrategie gleichermaßen beeinflußbar sind.

Zugestimmt wird der Kritik der Autoren am Fehlen einer Finanzplanung, die durch das KHKG jetzt vorgeschrieben wird. Andererseits ist die Einschätzung der Verwendung wissenschaftlich er-
härteter Daten bei der Formulierung krankenhausplanerischer
Vorstellungen und ihrer Umsetzung in konkrete Programme und
Pläne überzogen. Sie übersieht, daß wissenschaftliche Forschung
häufig oder sogar meist dazu verurteilt ist, reine Legitimationsfunktionen von politisch bereits beschlossenen Programmen auszu-
üben, sofern ihre Ergebnisse damit übereinstimmen. Weichen Ergebnisse von politischen Orientierungen, die gerade 'in' sind,
entschieden ab, werden diese ignoriert oder in der politischen
Diskussion als Denkanstöße überhaupt nicht toleriert. Dazu gibt
es zahlreiche Beispiele aus der Gesundheits- und Krankenhauspolitik des vergangenen Jahrzehnts, die auch im gegenwärtigen
Jahrzehnt nicht ausbleiben werden.

Es gibt andere Beispiele über das ambivalente Verhältnis von
Politik und Wissenschaft im Krankenhausbereich. Über die optimale Betriebsgröße eines Krankenhauses besteht weder in der
Praxis noch in der Literatur eine einheitliche Meinung. Doch
Politiker und Krankenhausplaner taten so, als ob es sie gäbe.
In der politischen Diskussion schwankt die optimale Größe je
nach politischer Schönwetterlage und vorhandenen Finanzressourcen. Sind beide verändert oder Geldmittel gar knapp
bemessen, stellen sich unter veränderten Vorzeichen rasch andere Meinungen ein. Bis zur Zeit der Wirtschaftskrise, so um
1974 herum, wurde die optimale Betriebsgröße durch den allgemeinen Zeitgeist und die Vorliebe für eine weitverbreitete
Gigantomanie sehr hoch angesetzt, ohne empirische Beweise dafür,
daß betriebswirtschaftliche Erfahrungen in anderen Bereichen auf

die Krankenhäuser umsetzbar wären, und ungeachtet wissenschaft-
licher Ergebnisse, wonach jenseits einer bestimmten Größenordnung die finanziellen Vorteile einer Großorganisation rasch
wieder verloren gehen. In der Zeit nach 1975 sind Krankenhausplaner und andere vom Großbetrieb abgekommen und sind wieder
aufgeschlossener für eine Betriebsgröße der mittleren Krankenhäuser von zwischen 250 und 400 Betten. In der Praxis der Krankenhausbedarfsplanung war und bleibt die optimale Betriebsgröße
eine politisch und nicht objektiv bestimmbare Größe.

2.6. Ursachen für unterschiedliche Bedarfsplanung in den Ländern

Brühne (1978) faßte die Ursachen der unterschiedlichen Planungspraktiken in den Bundesländern zusammen:

- die unterschiedliche Ausgangslage der stationären Versorgung
  in den Ländern

- der Stand der Krankenhausplanung vor dem Inkrafttreten des
  KHG

- die uneinheitlich verteilten Planungs- und Entscheidungs-
  kompetenzen der Länder

- die unterschiedliche Verwaltungsstruktur in Stadt- und
  Flächenstaaten.

Aus der Sicht des Fachkenners kommentiert Baumgarten kritisch
die Praxis der Finanzierung in den Ländern (1981).

Diese Untersuchung setzt den Stellenwert von Gesetzen und Verordnungen als Instrument zur Lösung und Lenkung anstehender
Probleme verglichen mit ihrem Stellenwert als Instrument zur
Setzung verbindlicher und zwingender Rechtsvorschriften geringer
an, als Schöne et. al. dies tun. Bundes- und Landesgesetze sind
das Ergebnis unterschiedlicher Interessenkonstellationen und
zahlreicher politischer Kompromisse. Dieser Tatbestand allein
legt schon nahe, diese in ihrer Eigenschaft als Lösungs- und
Lenkungsinstrumente nicht zu überschätzen. Da sie politische
Kompromisse sind, ziehen sie zwangsläufig neue Probleme und
Konflikte nach sich, die dann durch neue Reformen korrigiert
und gelöst werden müssen. Das KHG, das KHKG und das KHGN dienen
als klassische Beispiele.

Ähnliches gilt auch für die Krankenhausbedarfsplanung und ihre
Effizienz, eine bedarfsgerechte Krankenhausversorgung zu schaf-
fen. Ihrem Wesen nach ist Krankenhausbedarfsplanung politische
Planung. Planungskonzepte und -normen sind politisch bestimmte
Einflußgrößen. Sie werden es auch in Zukunft bleiben, weil sie
in einem gesellschaftlichen Kontext entwickelt und angewandt
werden und weil Umsetzungsmechanismen sui generis politische
Umsetzungsmechanismen sind. Problematischer noch als die Frage
nach den 'richtigen' Instrumenten ist entsprechend auch die
Frage nach den 'richtigen' Umsetzungsmechanismen.

Es ist schlicht abwegig, beobachtete Veränderungen in der Krankenhausversorgung und in der Inanspruchnahme von stationären
Leistungen ausschließlich zur Wirksamkeit bzw. Unwirksamkeit
eines Steuerungsinstrumentes in Beziehung zu setzen. Dies ist
besonders dann unangebracht, wenn der Zeitraum zwischen der
Verabschiedung einer Lenkungsvorgabe und dem der Evaluierung
so kurz bemessen ist, daß von der Sache her logisch und realiter
eigentlich keine Veränderungen eingetreten sein können. Andererseits werden bei einer eng auf ein Programm abgestellten Evaluierung häufig die Nachwirkungen und Auswirkungen von politischen Entscheidungen, die auf viele Jahre zurückgehen, über-
sehen. Als Beispiel seien die Entscheidungen über den Bau der
Medizinischen Forschungs- und Ausbildungsstätte der Universität
Regensburg genannt. Die erste Entscheidung des bayerischen Landtags zur Gründung einer vierten Landesuniversität fiel im Jahr
1962 durch das Gesetz über die Errichtung der vierten Landesuniversität (Bayerisches Staatsministerium des Innern, 1974).
Der Entscheidungs- und Implementationszeitraum umfaßt jetzt
schon beinahe 20 Jahre. Die damalige Entscheidung der bayerischen Landespolitik wirkte sich restriktiv auf die Krankenhausbedarfsplanung in der Oberpfalz aus. Sie machte eine unabhängige Planung im Krankenhausbereich unmöglich, zumal die hin-
ter dem Bau der Universität Regensburg stehenden Macht- und
Interessenkonstellationen während des gesamten Zeitraums domi-
nierend waren. Der Bau des Universitätsklinikums hat in der
Vergangenheit nachweislich das gesamte Planungsgeschehen im
weiteren Umfeld von Regensburg überschattet.

Häufig werden auch retrospektiv Intentionen in ein Gesetz, eine
Verordnung oder einen KBP hineingelesen, die zum Zeitpunkt ihrer
Verabschiedung nicht aktuell waren. Wer das KHG unter dem Ge-
sichtspunkt mangelnder Kostendämpfung kritisiert, übersieht,
daß Kostendämpfung nicht das Ziel des KHG war. Seit 1972 haben

sich Problemperzeptionen und objektive Problemlagen im Krankenhauswesen erheblich verändert. Damals stand eindeutig im Vordergrund die wirtschaftliche Sicherung, die Entwicklung eines bedarfsgerecht gegliederten Krankenhausversorgungssystems durch
Expansion und Bettenvermehrung, und die Entwicklung sozial tragbarer Pflegesätze. Mit der Verabschiedung des Haushaltsstruktur-
gesetzes (1975) und der bis heute anstehenden Diskussion über
den Einsatz begrenzter Mittel und ausgewogener Haushalte bei
der GKV und den öffentlichen Haushalten steht Kostendämpfung
jetzt im Vordergrund. Nach den Prioritäten von 1972 mußte mit
Kostensteigerungen gerechnet werden, auf die wissenschaftliche
Veröffentlichungen bereits damals hinwiesen. Zusammenfassend
stellt sich die Rangfolge der Prioritäten so dar: Das KHG war
primär ein Gesetz, das Finanzanreize für jene Bundesländer bot,
die entsprechend rasch reagieren und Bundesmittel abrufen
konnten. Sekundär war es ein Gesetz zur kurz- und mittelfristigen Finanzplanung und fast als Nebenprodukt war es auch
ein Gesetz zur Bedarfsplanung.

3. Rückblick auf die Krankenhausfinanzierung und -planung in Bayern und Nordrhein-Westfalen vor 1972

3.1. Krankenhausfinanzierung

Zweifelsohne gingen direkt und indirekt vom KHG bemerkenswerte Innovationsimpulse zur Finanzierung von Krankenhausinvestitionen und zur Krankenhausbedarfsplanung aus. Doch inwieweit ist das KHG ausschließlich als Neubeginn oder auch als Kontinuität bestehender Mechanismen und geübter Förder- und Planungspraktiken und -verfahrensweisen, die erst durch das KHG legitimiert und institutionalisiert wurden, zu sehen? Inwieweit wurden diese nur in dem Maße an neue Verfahrensregeln und -auflagen angepaßt, als der Zugang zu großzügigen Finanzmitteln dies erforderlich machte? Um diese Frage zu beantworten, bedarf es einer kurzen Analyse der Frage danach, wie es überhaupt zu den drei Zielsetzungen des KHG gekommen war.

Zwei Faktoren erscheinen dabei wesentlich: regionale Ungleichheiten in der Krankenhausversorgung und Haushaltsdefizite der Krankenhäuser. Bei den Defiziten muß unterschieden werden zwischen den Auswirkungen der nach der damaligen Krankenhauspolitik bzw. Non-Politik praktizierten Methode der Finanzierung von Pflegetagen über die Benutzerkosten, d.h. durch die GKV und die Privatversicherung, und von Investitionen (Elsholz, 1969; 1974; Schlauß, 1969).

Die Finanzierung der Benutzerkosten richtete sich nach der Pflegesatzverordnung von 1954. Danach wurden die Selbstkosten der Krankenhäuser bei der Genehmigung (Festlegung) zugrundegelegt. Einschränkend wirkte jedoch eine Bestimmung, wonach auch die wirtschaftliche Leistungsfähigkeit der beteiligten Sozialversicherungsträger zu berücksichtigen war, wenn beide Parteien zu keiner Einigung kamen. Betriebskostenzuschüsse mußten bei der Kalkulation der Pflegesätze abgezogen werden. Diese Preisbindung wurde von den Krankenhäusern und anderen am Krankenhauswesen interessierten politischen Gruppierungen kritisiert. Sie stellten folgende Forderungen auf:

- Aufhebung der Preisbindung der Pflegesätze und freie Vereinbarung der Pflegesätze unter den Beteiligten bei gleichzeitigem Wegfall der Genehmigung durch die Preisbildungsstellen der Landesregierungen;

- Deckung der entstehenden Selbstkosten durch die Pflegesätze
  bei wirtschaftlicher und sparsamer Wirtschaftsführung.

Die Finanzierung des Wiederauf- und des Neubaus von Krankenhäusern nach 1945 lag vorwiegend bei den Kommunen und Landkreisen als Trägern von öffentlichen, und bei Verbänden, Orden
und kirchlichen Gemeinden als Trägern von freigemeinnützigen
Häusern. Doch vergingen noch Jahre, bis die einzelnen Bundesländer Zuschüsse und Darlehen zum Neu- oder Umbau von Krankenhäusern unabhängig der Trägerschaft zur Verfügung stellten.
Dabei war die historisch gewachsene Krankenhauslandschaft in
einzelnen Kommunen eher ein entscheidender Bestimmungsfaktor,
als präferentielle Landes- oder Kommunalpolitik für den öffentlichen oder freigemeinnützigen Sektor. Die zwei städtischen
Untersuchungsgebiete München und Düsseldorf sind zwei kontra-
stierende Beispiele, die diese These untermauern. Während die
Stadt Düsseldorf zur Krankenhausversorgung vorwiegend auf freigemeinnützige Häuser angewiesen war und auch weiterhin noch ist,
greift die Stadt München auf städtische Krankenanstalten und
auf die in der Landeshauptstadt angesiedelten Universitätskliniken des Freistaates Bayern zurück. Für die ländlichen
Versorgungsgebiete (Hochsauerlandkreis, Kreis Olpe und Siegen
in Nordrhein-Westfalen und die Gebiete in der Oberpfalz in
Bayern) bestehen ähnliche Kontraste in der Trägerschaft, die
auf historisch bedingte Strukturunterschiede im Krankenhausbereich der beiden Länder zurückgehen.

Vor dem KHG gaben Bayern und Nordrhein-Westfalen entweder Darlehen oder Zuschüsse und Zinsverbilligungen unter bestimmten
Auflagen an kommunale, freigemeinnützige und private Häuser.
Kostenunterdeckungen im kommunalen Bereich waren vor 1972 wie
auch heute noch erheblicher als in freigemeinnützigen und privaten Häusern. Die nachfolgende Tabelle weist die Finanzierungs-
leistungen Bayerns und Nordrhein-Westfalens aus.

Krankenhausfinanzierung in Bayern und Nordrhein-Westfalen

		kommunale	fg.	privat
Bayern				
Darlehen u.	Baukosten	30 %	30 % Darl.	30 %
Zuschüsse	Einrichtung	30 %	30 %	30 %
	Zinsver- billigung	--	--	--
Nordrhein- Westfalen				
Darlehen u.	Baukosten	70 % Darl.	70 % Darl.	--
Zuschüsse	Einrichtung	70 % Zusch.	70 % Zusch.	--
	Zinsver- billigung		5 % Zinsv.	

Kassandrarufe, die denen über die defizitäre Lage der Krankenhäuser vor 1972 und die gegenwärtige Explosion der Krankenhauskosten an Intensität nicht nachstehen, gab es schon
1913 (12).

Seit einigen Jahren sind in der Presse, im Landtag und
bei sonstigen Gelegenheiten Klagen über die zunehmende
Verteuerung unserer modernen Krankenanstalten sowohl hinsichtlich der Kosten wie auch der laufenden Betriebs- und
Verwaltungskosten laut geworden.

Nach gut 70 Jahren hat sich relativ wenig in der Perzeption
der Verantwortlichen für die Krankenhausversorgung geändert.

3.1.1. Bayern

Bis zur Verabschiedung des KHG und des Bay.KrG. von 1974 wurde
zwischen der Förderung von Krankenhäusern, Krankenhauseinrichtungen und von kranken- und pflegebezogenen Gesundheitsmaßnahmen
unterschieden. Die staatliche Förderung beruhte auf acht unterschiedlichen Regelungen (Gruber und Riefl, 1962, 38-42):

1. Darlehen und Zuschüsse für den Krankenhausbau

2. Darlehen für Krankenhauseinrichtungen

3. Darlehen und Zuschüsse aus dem Bayerischen Grenzhilfe-
programm

4. Förderung des Krankenhausbaues (Folgeeinrichtung aus Anlaß
der Errichtung militärischer Bauten)

5. Zuschüsse für die Ausbildung von Krankenhauspflegepersonal

6. Zuschüsse für die Aus- und Fortbildung von Ärzten und
Bedienungspersonal an Eisernen Lungen

7. Finanzmittel für die Errichtung von Schwesternschulen

8. Bezirkszuschüsse für Krankenhäuser.

Die Bezirksregierungen als Durchführungs- und Bewilligungsbehörden hatten bei der Entscheidung über die Art staatlicher
Zuschüsse theoretisch einen großen Spielraum. In der Praxis
war dieser dadurch eingeschränkt, als sie keine Staatsmittel
in größerem Umfang zu genehmigen und zu verwalten hatten. Das
Verfahren war einfach, unproblematisch und großzügig im Vergleich zum Verfahren nach 1972. Die Entscheidungen über Anträge
sollen mit der Entscheidung der Bewilligungsbehörden geendet
haben. Nur die Anträge über Zuschüsse für die Aus- und Fortbildung von Ärzten und Bedienungspersonal mußten beim damals
zuständigen Innenministerium eingereicht werden.

München, Nürnberg und Augsburg, die einzigen kreisfreien Städte
in Bayern , die ein kommunales Gesundheitsamt haben, kamen in
den Genuß einer weiteren Regelung im Kommunalausgleich (Gruber
und Riefl, 1962, 37).

Nach Angaben der Bayerischen Krankenhausgesellschaft (1970, 18)
gewährte der Bayerische Staat den Krankenhausträgern aus den
Finanzausgleichs- und Grenzlandförderungsmitteln im Zeitraum
von 1957 bis 1966 Fördermittel, die wie folgt eingesetzt wurden:
bis 1966 wurden 5 % der Baumaßnahmen den vor 1917 gebauten
Häusern zur Verfügung gestellt, 11 % den Häusern, die zwischen
1949 und 1959 gebauten und 38 % der Maßnahmen galten Häusern,
die nach 1960 gebaut wurden (Der Bay.Bgm., 1966, 26-27).

Staatliche Fördermittel im Krankenhauswesen, 1957-1966

in Mio DM

Jahr	Zuschüsse	Darlehen	Insgesamt
1957	1,279	6,386	7,665
1958	2,005	11,208	13,213
1959	1,958	10,985	12,943
1960	1,885	10,800	12,685
1961	3,390	17,570	20,960
1962	12,469	17,403	29,872
1963	13,285	17,475	30,760
1964	18,830	21,382	40,212
1965	23,465	26,008	49,473
1966	32,543	33,965	66,508

3.1.2. Ausgewählte Gebiete in Bayern

Informationen für alle Versorgungsregionen sind spärlich und
unvollständig, doch die vorhandenen Unterlagen deuteten schon
damals auf die Vielzahl unterschiedlicher Finanzierungsquellen
hin. Zum Beispiel wies der außerordentliche Haushalt der Stadt
München bis 1970 8 unterschiedliche Einnahmequellen aus:

- Darlehen von Bund und Land

- Darlehen aus Kreditmarktmitteln

- Veräußerungen von Vermögen

- Entnahmen aus Rücklagen

_ Zuweisungen von Bund und Land

_ Zuweisungen von Gemeinden und Kreisen

- Zuweisungen von sonstigen Körperschaften.

Die ländlichen Gebiete in der Oberpfalz sind Grenzlandgebiete,
die zusätzlich zu bayerischen Geldmitteln noch aus Bundesmitteln
zwischen 15 und 25 % Subventionswert gefördert wurden. Neue
Krankenhäuser entstanden in allen Untersuchungsgebieten: Burg-
lengenfeld, Nabburg, Neunburg v.W., Neustadt a.W., Nittenau
und Tirschenreuth (Der Bayer.Bgm., 1961,293).

Was immer die konkrete Investitions- und Bautätigkeit in Bayern
und den Versorgungsregionen war (und unabhängig von angewandten
Grundsätzen und Verfahren), sie bildeten die Ausgangssituation
für die neue Ära der Krankenhausfinanzierung in Bayern nach
1972.

3.2.1. Nordrhein-Westfalen

Nordrhein-Westfalen gehört zu den Bundesländern, die relativ
früh Landesmittel zur Finanzierung und Förderung von Krankenanstalten zur Verfügung stellten. Seit dem Runderlaß des
Arbeits- und Sozialministers vom 1.4.1957 gewährte das Land
Finanzhilfen. Schlüsselt man die einzelnen Finanzierungsquellen
auf, die beim Träger für ein Projekt anfielen, dann ergeben
sich fünf unterschiedliche Quellen:

- Landesdarlehen (70 %)

- Kapitalmarktmittel

- Zuschüsse der Gemeinden des Einzugsgebietes

- Zuschüsse des Kreises

- Eigenmittel.

3.2.2. Ausgewählte Gebiete in Nordrhein-Westfalen

Die Stadt Düsseldorf ist ein gutes Beispiel dafür, wie historisch gewachsene Versorgungsstrukturen und die bis 1972 gemachten finanziellen, krankenhausplanerischen und politischen Anstrengungen die entscheidenden Rahmenbedingungen und Ausgangspositionen für die Krankenhausbedarfsplanung und -finanzierung
nach 1972 darstellen.

Wegen der als 'katastrophal' bezeichneten Krankenhausversorgung
der Stadt Düsseldorf nach den Kriegsereignissen waren die zuständigen Ministerien der Landesregierung schon relativ früh-
zeitig bereit, "die Sanierung des Düsseldorfer Krankenhauswesens beschleunigt und vorrangig in größtmöglichem Umfang zu
fördern" (13). Als Gründe für die Unzulänglichkeiten und Mängel
wurden genannt:

- Überalterung der Bauten, der Wirtschafts- und Behandlungs-
  einrichtungen

- die mehr zwangsläufig als planmäßig durchgeführten Wieder-
  aufbau- und Erweiterungsbauten

- die allgemeine Vermögenslage der Krankenhäuser und die Erkenntnis, daß Substanzverluste nicht durch eine Pflegesatz-
  politik gelöst werden können

- allgemeiner Mangel an Krankenhauspflege- und Hilfspersonal
  und unrationelles Arbeiten in überalterten Bauten und

- eine bessere Aufteilung nach Fachdisziplinen.

Drei Schwerpunkte wurden als Zielsetzung für das Krankenhauswesen in Düsseldorf gesetzt: Einrichtung der gängigen Fachdisziplinen in allen Krankenhäusern, Einrichtungen und Betten für
Notfallpatienten und bestimmte Krankheitsgruppen, sowie für
chronisch Kranke und Langzeitpatienten.

Schon im Jahr 1959 hatte die Stadt Düsseldorf die freigemeinnützigen Häuser aufgefordert, ihre Bauvorhaben und Erweiterungs-
und Neubauabsichten der Stadt mitzuteilen. Im Dezember 1961
faßte der Rat der Stadt Düsseldorf einen Grundsatzbeschluß zur
Planung eines bedarfsgerechten Krankenhauswesens in Düsseldorf
und zur städtischen Förderung von

1. Neubauten der freigemeinnützigen Krankenhäuser im Stadt-
   kreis Düsseldorf

2. Neubauten von Schwestern- und Personalwohnungen und Wohn-
   heimen sowie Krankenpflegeschulen und

3. Umstellungskosten (bzw. Erlösausfall für vorübergehend wegen
   Bauarbeiten nicht genutzte Betten).

Planung bedeutete im wesentlichen Einzelobjektplanung. Die
Stadt Düsseldorf beteiligte sich an den Neubauten der freigemeinnützigen Häuser mit einem Zuschuß bis zur Höhe von 20 %,
bei Neubauten von Schwestern- und Personalwohnungen und Wohn-
heimen sowie Krankenpflegeschulen bis zu 25 % der Gesamtkosten.
Die städtischen Zuschußbeträge wurden auf der Grundlage von
Bereitstellungserlassen des MAGS an die Stadt Düsseldorf
berechnet.

In der Zeit von 1961 - 1972 förderte die Stadt Düsseldorf
freigemeinnützige Häuser mit rund 30 Mio DM für Baumaßnahmen
einschließlich der Wohnheime und rund 13,5 Mio DM für Ratio-
nalisierungsmaßnahmen im gesamten freigemeinnützigen Krankenhausbereich. Für den Zeitraum von 1964 bis 1978 ergibt sich
nach Angaben der Stadt Düsseldorf ein Gesamtbetrag von 62 Mio
DM, der aus städtischen Mitteln an freigemeinnützige Häuser
für Renovationen, Bau- und Notmaßnahmen und dergl. gezahlt
wurde (14). Auch die Zuschüsse der Stadt Düsseldorf an die zwei
städtischen Krankenanstalten sind in einem Zeitraum von 10
Jahren erheblich gestiegen. Sie betrugen beispielsweise nach
dem ordentlichen Haushalt für das Jahr 1969 rd. 23,5 Mio DM
(Schöne, 1969).

Bis 1973 war die Stadt Düsseldorf auch Träger der Universitätskliniken, die ursprünglich aus einer städtischen Klinik hervor-
gegangen waren, die bei der Ausbildung von Studenten der klinischen Semester eingeschaltet war. Schon 1963 wurde ein Über-
nahmevertrag zwischen dem Land Nordrhein-Westfalen und der
Stadt Düsseldorf vereinbart, die Unikliniken gemäß dem Stand
der medizinischen Versorgung auszustatten. Wegen zunehmender
Belastung aus Lehre und Forschung und der ständig steigenden
Anforderungen an die qualitative medizinische Versorgung
wären Beträge auf die Stadt Düsseldorf zugekommen, die diese
nicht hätte finanzieren können. Für die 60er Jahre war dieser
Vertrag insofern ungewöhnlich, als Düsseldorf zusammen mit
Essen die einzige Kommune im Land war, die für Finanzmittel

von Universitätskliniken aufkam. Nach der Verabschiedung des
Hochschulförderungsgesetzes im Jahr 1971 hat das Land Nordrhein-
Westfalen die Trägerschaft übernommen.

Nach dem KHG bzw. KHG.NW. wurde die Finanzierung der Krankenhäuser auf eine neue Rechtslage gestellt. Danach wurden das
Land mit 80 % und die Kommunen/Landkreise mit 20 % an der Finanzierung beteiligt, was in zahlreichen Fällen unter den Finan-
zierungsanstrengungen vor 1972 lag. Nach 1972, durch die Bezah-
lung der 20 %igen Krankenhausumlage an das Land Nordrhein-
Westfalen, verlor die Stadt eine direkte Lenkungsmöglichkeit
ihrer Krankenhausversorgung und -planung vor Ort. Alle maßgeblichen Entscheidungen - zur Planung, Finanzierung und zum Programmvollzug - wurden zentralisiert und beim MAGS konzentriert.
Diese Zentralisierung und Konzentrierung von Entscheidungs-,
Handlungs-, Ausführungs- und Kontrollkompetenzen auf das MAGS
und/oder das Regierungspräsidium bedeutete nicht nur einen erheblichen Einflußverlust, sondern auch Verzögerungen im Ablauf-
und Vollzugsverfahren. Vor 1972 spielten sich die wesentlichen
Kommunikationsprozesse zwischen der Stadt Düsseldorf und dem
Regierungspräsidium ab. Das MAGS spielte dabei nur eine bescheidene Rolle. Schon im Jahr 1974 äußerten die politischen Gremien
der Stadt Zweifel daran, ob die von der Stadt Düsseldorf an das
Land zu zahlende Kommunalbeteiligung überhaupt den Häusern im
Stadtgebiet Düsseldorf zugute kommen würde. Ebenfalls bezwei-
felte man, ob die pauschalierte Bezuschussung für kurzlebige
Wirtschaftsgüter ein adäquates Steuerungsinstrument darstellen
könne.

Obwohl es vor 1972 in Nordrhein-Westfalen keine gesetzliche
Verpflichtung der Landkreise zur Finanzierung von Krankenhäusern
gab, trugen die Kreise zumeist zur Finanzierung von Krankenhäusern in ihrem Einzugsgebiet bei. So stand beispielsweise
das Thema der Kreisbeteiligung bei der Finanzierung von Kranken-
hausneu- und -umbauten seit 1961 alljährlich auf der Tagesordnung des Kreisausschusses Brilon. Der Kreis Brilon wurde später
in den Hochsauerlandkreis (Versorgungsgebiet 15) integriert.
Zunächst ging man für einzelne Häuser Verpflichtungen für
anfangs zwei, später für fünf Jahre ein. Später wurde das
Prinzip der Finanzbeteiligung des Kreises für die vier im Kreis
Brilon liegenden Krankenhäuser akzeptiert. Gleichbehandlung
bedeutete prinzipiell die 10 %ige Beteiligung des Kreises an
den Baukosten (15).

Diese, obgleich bescheidene Kreisbeteiligung an der finanziellen
Förderung der Träger, gab dem Kreis einige, wenn auch begrenzte
Einflußmöglichkeiten bei der Einzelobjektplanung. Als Folge der
Zentralisierung aller Entscheidungen über die Krankenhausplanung für Einzelobjekte und für die regionale Krankenhausbedarfsplanung auf Landesebene, bestand diese Einflußmöglichkeit für
den Kreis Brilon und andere Landkreise nach 1972 nicht mehr.
Die örtliche Einflußnahme verringerte sich bei beiden Planungs-
prozessen. Geblieben sind Möglichkeiten zum Vortrag von örtlichen und überörtlichen Standpunkten bei den Zielplanbesprechungen, die jedoch eher politisch demonstrative Rituale
blieben, als daß sie Planungsentscheidungen nachhaltig beeinflußt hätten.

3.3   Krankenhausplanung in Bayern und Nordrhein-Westfalen

Wie andere Bundesländer waren Bayern und Nordrhein-Westfalen
schon vor 1972 krankenhausplanerisch tätig. Mit Beschluß vom
16. Mai 1961 beauftragte der Bayerische Landtag die Staatsregierung, eine auf den modernen Stand gebrachte Krankenhausge-
samtplanung für Bayern vorzulegen. Im Jahr 1965 wurde die "für
die weitere Krankenhausplanung in Bayern richtungsweisende
Denkschrift zur Krankenhausplanung in Bayern" (Krankenhausbedarfsplan, 1977, 10) von dem damals dafür zuständigen Staatsministerium des Inneren herausgegeben. Der Landtag billigte
diese Denkschrift, die Planungsgrundsätze und Bedarfsschlüssel-
zahlen für die einzelnen Fachrichtungen verbindlich vorschlug.
Es galt das Prinzip der Einzelantragstellung und der Einzelob-
jektbeurteilung unter Heranziehung herkömmlicher Bedarfsdeterminanten wie etwa VD, KH und BN. Gesichtspunkte der Standort-
planung wurden nicht berücksichtigt. Die Planung ging von drei
Versorgungsstufen, von Allgemein- und Fachkrankenhäusern und
Fachrichtungen aus. Bis Mai 1971 war das Bayerische Staatsministerium des Innern allein, ab Juni 1971 sind das Staatsministerium des Inneren und das StMAS gemeinsam für unterschiedliche Aspekte der Krankenhausplanung zuständig. Nach der
Neuordnung durch das KHG bzw. das Bay.KrG. wurde das StMAS
oberste Planungsbehörde.

Nordrhein-Westfalen dagegen hatte seit 1960 eine Krankenhauskommission, die sich aus den maßgeblichen Ministerien zusammensetzte. Im November 1967 berief das Innenministerium eine besondere Kommission zur Erstellung eines Krankenhausplans für
eine Laufzeit von 10 Jahren. Beteiligte Ressorts waren wiederum

das Innenministerium, das Arbeits- und Sozialministerium
(heute MAGS), das Ministerium für Wohnungsbau und öffentliche
Angelegenheiten, das Ministerium für Landwirtschaft, Mittelstand und Verkehr (heute Wirtschaft, Mittlere Betriebe und
Verkehr) und das Statistische Landesamt. Seit Mai 1968 wurde
ein Vertreter des Kultusministeriums hinzugezogen. Ausdruck der
Priorität, die die Landesregierung der Krankenhausversorgung
und -planung schenkte, war die Beteiligung der Staatskanzlei
durch einen Vertreter des Ministerpräsidenten.

Der erste Landeskrankenhausplan wurde 1971 veröffentlicht, der
zahlreiche Empfehlungen der Kommission übernahm. Zu den auch
heute noch wichtigsten Empfehlungen für die Krankenhausbedarfsplanung gehörten die Empfehlungen für die Entwicklung eines
räumlich und funktional gegliederten Krankenhausversorgungssystems, das auf 3 Versorgungsstufen aufbaute. Andere Empfehlungen beeinflußten die spätere Planungspraxis, das Planungsverfahren und den Planungsstil sowie die Planungsprioritäten
(Der Innenminister des Landes Nordrhein-Westfalen, 1969; MAGS,
1971, 1975, 1979, 1982).

Als erster Einstieg in die Bedarfsplanung wurde eine Bestandsaufnahme aller im Lande Nordrhein-Westfalen bestehenden Häuser
und Sonderanstalten, inklusive Universitätskliniken gemacht.
Darauf folgte eine Einstufung der Häuser nach Alter, Standort,
allgemeinmedizinischer und fachärztlicher Versorgungskapazität,
medizinisch-technischer Ausstattung und der Ausbildung des
medizinischen und pflegerischen Personals. Einige Soll-Pro-
gnosen wurden auf der Grundlage des damaligen Ist-Standes im
Landeskrankenhausplan unter Verwendung der geläufigen Bedarfsdeterminanten wie BN, Anzahl der Betten, KH, VD, Bevölkerungsentwicklung sowie Patientenmobilität gemacht. Im Verlauf der
letzten 15 Jahre erweiterten und verfeinerten die Krankenhausplaner diesen Katalog von Bedarfsdeterminanten und anderen auf
das Krankenhausgeschehen einwirkenden und bei der Planung zu
berücksichtigenden Einflußgrößen erheblich.

Im ersten KBP von 1971 ging man von drei Versorgungsstufen aus:
1. Versorgungsstufe (mindestens 180 bis 320 Betten), 2. Versorgungsstufe (320 bis 600 Betten) und 3. Versorgungsstufe (mehr
als 600 Betten). Im gegenwärtigen KBP wird von vier Versorgungsstufen ausgegangen. Die Eliminierung der kleinsten Größenordnung
(bis 100 Betten), für die noch 1969 Daten veröffentlicht wurden,
datiert aus der Zeit vor dem KHG.

Zum Zwecke der Krankenhausbedarfsplanung wurde das Land Nordrhein-Westfalen 1967 in 15 Versorgungsgebiete, im ersten KBP
aus dem Jahr 1971 dann in 16 Versorgungsgebiete eingeteilt, die
unterschiedliche Siedlungs- und Erwerbsstrukturen sowie topographische Verhältnisse aufweisen. Bei dieser Einteilung, die
sich nicht an Verwaltungsgrenzen wie in Bayern orientierte,
spielten auch vorhandene Versorgungsstrukturen eine erhebliche
Rolle.

Ein erster fünfjähriger Stufenplan (1967-1971) stellte eine
Rangfolge von Prioritäten auf, die im zweiten Stufenplan (1972-
1976) etwas revidiert, aber nicht mehr realisiert wurden. Zweck
eines Stufenplans war die bessere Planung und Absehbarkeit von
bewilligten und zu bewilligenden Maßnahmen über einen Zeitraum
von 5 Jahren für alle Beteiligten und eine Aufstellung über die
notwendigen Finanzmittel. Stufenpläne waren mittelfristige Finanzpläne auf der Grundlage von Einzelplanungen oder, wie Kriti-
ker dies nannten, "Planungen nach dem Wildwuchsverfahren". Doch
der langsame Rückzug des Bundes aus seiner Finanzierungsver-
pflichtung und der 1975 verhängte Baustopp in Nordrhein-Westfalen brachten diese Finanzpläne zum Scheitern. Weitere Stufenpläne gab es nicht mehr. Jetzt fordert das KHKG die Aufstellung
von MPen in allen Bundesländern.

Zusammenfassend läßt sich über die Krankenhausbedarfsplanung
in beiden Ländern vor 1972 dies sagen: Das Schwergewicht der
Planung lag eindeutig auf der Einzelobjektplanung. Regionale
versorgungsrelevante und bedarfsplanerische Gesichtspunkte
standen nur sehr bedingt im Vordergrund. Die Träger hatten
neben einer hohen Risikoverantwortung beim Einsatz ihrer
eigenen, der kommunalen und der staatlichen Mittel einen relativ großen Spielraum zur Entfaltung von Eigeninitiativen.
Sie hatten weder einen Anspruch auf die Deckung der Betriebskosten durch den Pflegesatz noch einen Anspruch auf den vollen
Ersatz von Investitionsmitteln. Das Kommunikationsnetz zwischen
Trägern und staatlichen oder gemeindlichen Stellen soll damals
informeller, unkomplizierter, unbürokratischer und harmonischer
gewesen sein als später.

4. Implementation des KHG in Bayern und Nordrhein-Westfalen

Nach der Absicht des KHG sollte Krankenhausbedarfsplanung nicht
nur von der Ministerialbürokratie der Länder, sondern auch in
Zusammenarbeit mit den Spitzenverbänden der Kassen und der
Krankenhäuser und anderen politischen Gruppen gestaltet werden.
Die Bestimmungen über die Teilnahme der wesentlich Beteiligten
stellte eine Innovation dar, und sie sollte erstmals in den
Ausführungsgesetzen der Länder bzw.- verordnungen institutionalisiert werden. Der Begriff der Teilnahme beschränkte sich
allerdings auf eine bloße Anhörung dieser Gruppen bei der Aufstellung der KBPe und der JKBPe. War die Teilnahme und die Anhörung dieser Gruppen sowie die Förderarten im Bundesgesetz
vorgegeben, so hatten die Bundesländer erheblichen Spielraum

- in der Wahl der Umsetzungsmechanismen an sich und der Option
  für eine zentralistische oder dezentrale Lösung

- in der Konkretisierung dessen, was Anhörung in der Praxis
  bedeuten würde

- in der Festlegung der Grundsätze und der spezifischen
  Förderbedingungen

- in der Anwendung von uniformen oder selektiven Planungskriterien, -konzepten und -strategien

- in der Wahl von Planungsregionen.

Um die Ausgangsthesen über independente und signifikante Einflußgrößen testen zu können, ist es nun erforderlich, die in
der Vergangenheit praktizierten Methoden, Verfahren und Zielvorgaben in die Zeit nach 1972 hinein zu verfolgen und, soweit
Zusammenhang und zur Verfügung stehende Information dies erlauben, diese deutlich von den tatsächlichen Neuerungen abzugren-
zen. Die Krankenhausgesetze von Bayern und Nordrhein-Westfalen,
Krankenhausbeiräte und die Verwendung von Bedarfsdeterminanten
bei der Bedarfsermittlung können direkt verglichen werden.
Andere Aspekte wie die der Umsetzungsmechanismen lassen sich
nur im Rahmen des einzelnen Regierungs- und Verwaltungssystems
begreifen. Dies erklärt, warum einige Aspekte des KHG systematisch vergleichend und andere in getrennten Abschnitten analysiert werden.

Implementationsprozesse werden von Grundwerten, Regeln und Routinen beeinflußt, die historisch-politisch und institutionell
bedingt sind. Entsprechend wird den Rechts- und Verordnungsre-
geln, den vorgeschriebenen Verwaltungsroutinen und Kompetenz-
aufteilungen im Behördenaufbau Bayerns und Nordrhein-Westfalens
besondere Aufmerksamkeit gewidmet. Diese bilden den Sockel, die
politischen, administrativen und versorgungsrelevanten Grund-
werte und 'biases'festzuschreiben und zu verankern. Diese Regeln
und Routinen dienen auch als methodisches Hilfsmittel zur Überprüfung der genannten Thesen.

Bei der vergleichenden Beurteilung und Analyse der Krankenhausgesetze und der Krankenhausbedarfsplanung müssen auch die grund-
legenden Unterschiede in der Trägerschaft und die damit verbundenen Möglichkeiten und Restriktionen, denen die Krankenhauspolitik jeweils ausgesetzt ist, berücksichtigt werden. Die
Akut-Krankenhausversorgung in Nordrhein-Westfalen nach der Verteilung der vorgehaltenen Betten beruht mit etwa 60 % auf freigemeinnützigen Häusern und in Bayern mit etwa 70 % auf öffentlichen Häusern. Daß diese gegensätzliche Interessenkonstellation
auf die Formulierung von Krankenhauspolitik und Krankenhausgesetze Einfluß hatte, kann ohne Zweifel angenommen werden.
Krankenhausgesetze wie andere Gesetze auch sind das Resultat
politischer Willensbildungs- und Entscheidungsprozesse, die die
unterschiedlichen Infrastrukturen in der Krankenhausversorgung
nicht unberücksichtigt lassen können, unabhängig von der parteipolitischen Führung der Landesregierungen. So wurde Nordrhein-
Westfalen seit 1966 von einer sozialliberalen Koalition und seit
1980 allein von der SPD regiert, während die politische Führung
Bayerns seit 1947 nahezu ununterbrochen bei der CSU liegt. Mit
anderen Worten: Versorgungsstrukturen sind mit den parteipolitischen Konstellationen nicht deckungsgleich, ja entgegen der
weitverbreiteten Ansicht von der Gesetzmäßigkeit von Regierungs-
und Parteiprogrammen - Krankenhauspolitik - sogar in diesem
Fall konträr.

Trotz dieser allgemeinen Feststellung laufen zuweilen auch Ge-
setze und Verordnungen den Interessen der dominierenden Trä-
ger zuwider, wie dies in Nordrhein-Westfalen eingetreten ist.
Gerichtsurteile und Verfassungsbeschwerden waren die Folge
(Leisner, 1982). Häufig sind Trägerinteressen im politischen
Verständnis auch nicht identisch mit juristisch definierten.
Rechtsstrukturen von Trägerinteressen sind heterogener, als

die grobe Klassifizierung in drei Trägergruppen vermuten läßt.
Schmitt (1976) hat die acht Rechtsformen zusammengestellt,
die in der Bundesrepublik überlebt haben, obwohl sie nach seiner
und der Ansicht anderer Betriebswirte den Anforderungen eines
modernen Wirtschaftsbetriebs nicht mehr entsprechen (16).

4.1. Krankenhausgesetze

Zur Durchführung des KHG verabschiedeten die meisten Bundesländer ein Krankenhausgesetz und erließen die notwendigen Verordnungen, die die Rechtsgrundlage für die Krankenhausbedarfsplanung in den Ländern nach 1972 schufen. Die Krankenhausgesetze
unterscheiden sich in einem wesentlichen Punkt. Soll in die innere Struktur der Krankenhäuser gesetzgeberisch eingegriffen,
oder soll den Krankenhäusern Spielraum zur Erledigung ihrer Aufgaben gelassen und die Rolle des Landes lediglich auf die Verabschiedung von Durchführungsgesetzen bzw. -verordnungen zur Ausführung des KHG beschränkt werden? Diese Frage wurde von den
Ländern unterschiedlich beantwortet. Ungeachtet dieses formal
strategischen Unterschieds bewirkte das KHG in Verbindung mit
den Krankenhausgesetzen der Länder und den zahlreichen Ausführungsverordnungen des Bundes und der Länder Eingriffe in die
innere Struktur, insbesondere in die Selbstverwaltung, die in
ihrer Bedeutung weit über diesen formalen Unterschied hinausgehen (von Ferber, 1978; Thiemeyer, 1971; Bölke, 1979).

In Ausführung des KHG erließ der Freistaat Bayern am 21.6.1974
das Bayerische Krankenhausgesetz (Bay.KrG.). Nordrhein-Westfalen
verabschiedete sein Krankenhausgesetz (KHG.NW.) am 25.2.1975.
Die wesentlichsten Themenkomplexe, die jeweils geregelt wurden,
gehen aus dem schematischen Inhaltsvergleich hervor. Deutlich
zeichnet sich die aktiver eingreifende Strategie des KHG.NW. im
Vergleich zum Bay.KrG. ab. Andererseits ist ein Vergleich der
Gesetzesbestimmungen nur bedingt aussagefähig, denn interventio-
nistische Strategien erschöpfen sich keineswegs in Gesetzen und
Verordnungen, sondern sind auch tief verankert in bürokratischen
Routinen und im hergebrachten Selbstverständnis der Bürokratie
über die Rolle staatlicher Behörden gegenüber anderen gesellschaftlichen Einrichtungen und Dienstleistungssystemen.

In diesem Zusammenhang sind die Unterschiede zwischen Bayern
und Nordrhein-Westfalen in der Sache relativ gering ungeachtet
des Anspruchs der Enthaltsamkeit des bayerischen Gesetzgebers

Inhaltsvergleich der Krankenhausgesetze

Themenkomplex	Nordrhein-Westfalen	Bayern
Finanzbeteiligung der Kreise, kreisfreien Städte oder der Gemeinden	x	
Zuständigkeit	x	x
Krankenhaus-Ausschuß		x
Krankenhaus-Beirat (Krankenhaus-Konferenz)	x	x
Krankenhaus-Aufsicht	x	
Krankenhaus-Bedarfsplan	x	x
Aufnahme in den Krankenhausbedarfsplan	x	
Krankenhaus-Bauprogramme	x	x
Förderung sonstiger Einrichtungen	x	
- Ausbildungsstätten	kann	
- Wohnheime	kann	
-Kindertagesstätten	kann	
Krankenhaus-Aufnahme		
Krankenhaus-Leistungen	x	
Zusammenarbeit der Krankenhausträger	x	
Zentraler Bettennachweis	x	x
Datenverarbeitung im Verbund	x	x
Datenschutz		x
Wirtschaftliche Betriebsführung	x	
Krankenhaus-Gremien (innere Struktur)	x	
Patientenfürsprecher		
Wahlleistungen	x	
Besuchszeit	x	
Integrierung von Privatstationen	x	
Einführung eines Zwangspools	x	
Abzuführender Anteil	20-50 %	
Begünstigung	x	
Zukünftiges Standardzimmer	2 Bett	
Fortbildung		

Quelle: Bericht der Bundesregierung über die Auswirkungen des Gesetzes zur wirtschaftlichen Sicherung der Krankenhäuser (KHG), 63. Deutscher Bundestag, V/4530.

(Genzel, 1974, 676). Zwar ist diese Enthaltsamkeit in diesem
Fall faktisch korrekt, doch in der Sache nur bedingt richtig.
Mit Ausnahme des Komplexes "Eingriff in die innere Struktur der
Krankenhäuser" werden zahlreiche Bereiche der Krankenhausversorgung und -finanzierung in anderen Verordnungen und internen
Verwaltungsanweisungen ausführlich geregelt. Beispielsweise
bestimmt das KHG.NW. die finanzielle Beteiligung der Kreise,
kreisfreien Städte und der Gemeinden, während diese in Bayern
über den kommunalen Finanzausgleich geregelt wird.

Überhaupt sind die kommunale Gesetzgebung und die damit verbundenen administrativen Erlasse und Anweisungen eine ergänzende
Quelle, die das Ausmaß der kommunalen Verantwortung und den
Grad der staatlichen Intervention im Krankenhausbereich in Bayern näher untermauern. So ist beispielsweise die Verpflichtung
der Landkreise bzw. der kreisfreien Städte, Krankenhäuser als
Aufgabe des eigenen Wirkungskreises zu errichten und vorzuhalten, in der GO von 1952 und in der LKrO näher festgelegt. Schon
die Bezirksregierungsverordnung von 1927 begründete diese Verpflichtung von örtlichen und überörtlichen Territorialeinheiten.
Danach sind die 7 bayerischen Bezirke für die Errichtung, die
Unterhaltung und den Betrieb von Heil- und Pflegeanstalten,
modern gesprochen psychiatrischen Fachkrankenhäusern, verantwortlich (Genzel, 1974). Grundsätzlich wurde in Bayern auch die
Beteiligung von Nachbargebietskörperschaften an der Finanzierung
der Ausgaben für die Vorhaltung von Krankenhäusern durch Städte
und Kreise, die einen hohen Prozentsatz von Patienten aus Nach-
bargemeinden medizinisch versorgen, 1956 durch Erlaß geregelt.
Die Stadt München als Träger und als autonome Kommune entschloß
sich 1970 unter der politischen Führung der SPD und ungeachtet
der Zurückhaltung des Landtags, in den städtischen Häusern eine
Reform der inneren Krankenhausstrukturen einzuführen. Neben
organisatorischen und personellen Veränderungen wurden neue
Strukturen der Mitverwaltung geschaffen, darunter die Kranken-
hauskonferenz, die von einigen Kritikern als verunglückt, und
von Befürwortern als erfolgreich umschrieben wird.

4.2.   Rolle und Aufgaben der Krankenhausbeiräte

Beide Länder haben in ihr Krankenhausgesetz Bestimmungen über
die Einrichtung eines Krankenhausbeirates "zur Beratung der
Krankenhausträger in kreisfreien Städten und Kreisen" in Nordrhein-Westfalen und "zur Beratung aller grundsätzlichen Fragen
des Krankenhauswesens auf Landesebene" in Bayern aufgenommen.

Die Krankenhausbeiräte unterscheiden sich deutlich voneinander
in Aufgabenstellung und Verantwortungsbereich, in der Zusammensetzung und schließlich in der organisatorischen Ebene ihrer
Tätigkeit.

Obwohl der bayerische Krankenhausbeirat ein beratendes Sach-
verständigengremium auf Landesebene sein sollte, dem eine
"umfassende" Zuständigkeit für alle Krankenhausangelegenheiten
zukommen sollte (Genzel und Miserok, 1975: 168-169), trat er
nach seiner Konstituierung 1975 nicht mehr zusammen! Hingegen
wurde die Aufgabenstellung der Krankenhausbeiräte in Nordrhein-
Westfalen dahingehend umschrieben, daß sie bei Krankenhausangelegenheiten von grundsätzlicher Bedeutung auf Kreis- oder Stadt-
ebene zu den Zielen, der Organisation der stationären Versorgung
und insbesondere bei der durch Gesetz vorgeschriebenen Zusammenarbeit der Krankenhäuser mitwirken sollten. Ähnlich wie in
Bayern sollte die Zusammensetzung nicht ein Spiegelbild der als
wesentlich Beteiligten anerkannten Spitzenverbände sein, sondern
sie sollten einzelne Träger, den Kreis oder die Stadt, das Gesundheitsamt, den Rettungsdienst und die Kurverwaltung vertreten. Doch die Krankenhausbeiräte konnten bei dem in Nordrhein-
Westfalen gewählten Umsetzungsmechanismus - den Zielplanbesprechungen - ihre eigenen Interessen nicht direkt vertreten. Diese
wurden über die Spitzenverbände wahrgenommen.

1978 war dieser Krankenhausbeirat in zahlreichen Gebieten noch
nicht geschaffen aus der Erkenntnis heraus, daß er sich nie zu
einem Gegengewicht zu zentralen Entscheidungsträgern würde entwickeln können, da ihm nur symbolhafte Aufgaben übertragen worden waren. Bei der Feldforschung klangen diese Überlegungen
deutlich an. Doch dies hinderte die örtlich Verantwortlichen
in den Untersuchungsgebieten nicht daran, dieses Gremium zu
schaffen. Es bestanden auch Anreize insofern, als der KBP von
1975 nur als vorläufiger verabschiedet worden war. Zielplanbesprechungen für den endgültigen KBP des Landes standen noch
aus. So konnte man sich in der Öffentlichkeit politisch profi-
lieren und legitimieren. Krankenhausbeiräte traten an die
Öffentlichkeit mit Resolutionen. Diese wurden häufig direkt bei
den Zielplanbesprechungen oder nach den Zielplanbesprechungen
benutzt, als ersichtlich wurde, daß vorgetragene Vorstellungen
zur Krankenhausplanung unberücksichtigt geblieben waren. Dann
wurden Resolutionen an die verantwortlichen Landtagsabgeordneten
versandt. Krankenhäuser, die durch Entscheidungen der Planer zur
tatsächlichen Kooperation durch gemeinsame Nutzung von Großgeräten und anderen medizinisch-technischen Einrichtungen ge-

zwungen wurden, wurden von den Beiräten zur Zusammenarbeit
aufgefordert.

Die Spielregel war Konsensus. Da neben Spezialisten der Medizin
heterogene Partei- und Trägerinteressen in den Beiräten vertreten waren, kam bei den Zielplanbesprechungen nur das zum Vortrag, was im internen Willensbildungs- und Abstimmungsprozeß
konsensfähig und tragbar war. Welche Konflikte intern tatsächlich bestanden, ist unbekannt. Doch waren die Krankenhausbeiräte
als Entscheidungs- und Beratungsgremium auch deswegen ungeeig-
net, als ihre hohe Mitgliederzahl effektive und sachorientierte
Arbeit eigentlich kaum möglich machte. Hohe Erwartungen an das
Durchsetzungsvermögen der Krankenhausbeiräte bei den Zielplan-
besprechungen waren auch deswegen kaum einlösbar, da sie nur
indirekt "angehört" wurden. Sie wurden genauso vor vollendete
Tatsachen gestellt wie andere regional und lokal verantwortliche
Interessenträger auch. Unter den gegebenen Umständen konnte die
Funktion der Beratung kaum ausgeübt werden. Beratung setzt
Kenntnis und Information über die Absichten der Planer voraus.
Der Informationsfluß und die Daten wurden vom MAGS durch die
Zusendung der Unterlagen zu den Zielplanbesprechungen vollkommen
gesteuert.

4.3.   Ziele und Grundsätze der Krankenhausbedarfsplanung

4.3.1. Bayern

Im Bay.KrG. wurden strategische Zielsetzungen und Grundorien-
tierungen der Krankenhausbedarfsplanung allgemein festgelegt.
Doch unterschieden sie sich im Grundtenor kaum von der in der
Vergangenheit eingeschlagenen Richtung, was die gegliederte
Krankenhausversorgung, die Planungskriterien, die analytische
Bedarfsformel und die territorialen Planungsbereiche angeht
(Genzel und Miserok, 1975). Neue Einsichten über optimale Krankenhauskapazitäten, Versorgungsstrukturen und Einzugsbereiche
ganz besonders im Zusammenhang mit der Frage nach der optimalen
Betriebsgröße und einem bürgernahen, regional abgestuften Ver-
sorgungssystem fanden ihren Niederschlag in den jährlichen Fortschreibungen des KBP (StMAS). Andere Veränderungen konnten durch
einen Vergleich der KBPe festgestellt werden. So sind in Krankenhäusern der 1. Versorgungsstufe im Durchschnitt etwa 5 Fachrichtungen und in solchen der 2. Versorgungsstufe 8 Fachrichtungen vertreten. Zusätzlich zu den Basisfächern Chirurgie,
Innere Medizin und Gynäkologie/Geburtshilfe sind je nach Stand-

ort und Region noch weitere Fachrichtungen ausgewiesen: HNO-
Krankheiten bei 98, Augenheilkunde bei 54, Urologie bei 30,
Orthopädie bei 15 und Kinderheilkunde bei 6 Krankenhäusern.

Die Zuordnung der Krankenhäuser nach Versorgungsstufen hat
Hofman von der Bayerischen Krankenhausgesellschaft zusammengefaßt. Die Gegenvorschläge der Bayerischen Krankenhausgesellschaft sind im Schema für die Zuordnung der Krankenhäuser zu
den verschiedenen Anforderungsstufen enthalten.

In Bayern geht die Krankenhausbedarfsplanung unter Berücksichtigung zentralörtlicher Verflechtungsbereiche von kommunalen
Gebietseinheiten und nicht wie in Nordrhein-Westfalen von Kran-
kenhausversorgungsregionen aus. Eine auf kommunale Grenzen auf-
bauende Planung wird als sachgerechte Lösung angesehen, nicht
zuletzt auch wegen der landesrechtlichen Verpflichtung der
kommunalen Gebietskörperschaften, Krankenhäuser vorzuhalten
(Bay. Staatsministerium für Landesentwicklung und Umfeltfragen,
1976, 304). Die zum Zwecke der Landesentwicklungsplanung geschaffenen regionalen Planungsverbände wurden bei der Feldforschung in München und der Oberpfalz weder genannt, noch in einem
bestimmten krankenhausplanerischen Zusammenhang erwähnt. Dieser
Tatbestand erklärt sich u.a mit der Zentralisierung der Landes-
entwicklungs- und der Krankenhausbedarfsplanung in den
Ministerien.

Zuordnung der Krankenhäuser zu den verschiedenen Versorgungsstufen nach dem Krankenhausbedarfsplan Bayern

Planungsgrundsätze und Leitlinien
der
Krankenhausplanung

Versorgungsstufen

I	II	III	F Fach-krankenhäuser
			E Krankenhäuser der Ergänzungsversorgung
(bisher Grund-versorgung)	(bisher Haupt-versorgung)	(bisher Zentral-versorgung)	
- Chirurgie	weitere Fachabteilungen wie	Diese sollen - über die II.	
- Innere		Versorgungsstufe hinaus - je-	
	- Kinderheilkunde	de nach dem je-	
- Gynäkologie und Ge-burtshilfe		weiligen Stand der medizinisch-	
	- Radiologie	wissenschaftli-	
Daneben auch je nach Lage des Einzel-falls	- Urologie	chen Erkenntnis mögliche Hilfe diagnostischer	
	- Orthopädie	und therapeuti-	
	- Neurologie	scher Art geben.	
- HNO		Sie halten die entsprechenden	
	- Neurochirurgie	hochdifferen-zierten medizi-	
- Augen		nischen Einrich-	
- Urologie	auch evtl.	tungen vor.	
- Orthopädie	- Psychiatrie		
ca.300 Betten*	ca.500 Betten*	ohne Angabe einer Größen-ordnung	
Einzugsgebiet 60.000-80.000 Einwohner	Einzugsgebiet ohne Angaben	Einzugsgebiet ohne Angaben	

* Angabe der Größenordnung bis 1979; im Krankenhausbedarfsplan 1980 keine
Angabe der anzustrebenden Bettenkapazität mehr vorhanden

Nach: Hofmann, H.U.: Problematik der Beurteilung der Wirtschaftlichkeit
von Krankenhäusern. In: Der Bay.Bgm., November 1980, 15.

Schema für die Zuordnung der Krankenhäuser zu den verschiedenen Anforderungsstufen

Versorgungsstufen

I	II	III	IV	V
(bisher Grundver- sorgung)	(bisher Regelver- sorgung)	(bisher differenz. Regelver- sorgung)	(bisher Zentralver- sorgung)	(bisher Maximal- Versorg- ung)

Fachrichtungen

I	II	III	IV	V
- Chirurgie	wie Vers. stufe I	wie Vers. stufe II	wie Vers. stufe III	
- Innere Medizin	zusätzlich aber:	zusätzlich aber:	zusätzlich aber:	
- Gynäkolo- gie/Ge- burtshilfe	- Anästhesie - Röntgeno- logie	- Neurolo- gie und Neuro- chirurgie	- Augen - HNO	
- Anästhesie*		- Teilge- biet Un- fallchir- urgie	- Orthopädie - Urologie	
- Röntgeno- logie*		- Kinder- heil- kunde		
		- Patho- logie		

Anforderungsstufen

I	II	III	IV
bis zu 250 Betten	bis zu 350 Betten	bis zu 650 Betten	ab 650 Betten
I KHG	II KHG	III KHG	IV KHG

* Durch im Hause nebenamtlich tätige Ärzte (z.B. Belegärzte)

Nach: Hofmann, H.U.: Problematik der Beurteilung der Wirtschaftlichkeit
     von Krankenhäusern. In: Der Bay.Bgm., November 1980, 15.

4.3.2. Nordrhein-Westfalen

Die Ziele und Grundsätze der Krankenhausbedarfsplanung in Nordrhein-Westfalen wurden im ersten KBP von 1971 entwickelt, die
für die Planung, das Verfahren und die Prioritäten nach 1972
ausschlaggebend wurden. Das KHG.NW. macht einige Aussagen über
den Inhalt der Krankenhausbedarfsplanung, die im vorläufigen
KBP von 1975, ganz entschieden jedoch bei der Aufstellung des
gegenwärtigen Plans aus dem Jahr 1979, verwendet und dort näher
präzisiert wurden. Danach gelten folgende Grundsätze und Pla-
nungskonzeptionen:

- Regionalplanung

- Verwendung der bisher angewandten analytischen Bedarfsformel

- Planung auf der Grundlage der Bevölkerungsprognosen für 1985

- Zugrundelegung einer BN von 85 %

- Ermittlung der KH nach Einzeldisziplinen

- Ermittlung eines Prognosewertes für die durchschnittliche
  VD für den Gesamtbettenbedarf

- Berücksichtigung von Strukturschwächen und dadurch
  verursachten Fehlplanungen

- Berücksichtigung von besonderen Gegebenheiten im Standort
  und der Leistungsfähigkeit von Fachabteilungen

- jährliche Fortschreibung der Prognosedaten für 1985 seit
  1977 (MAGS, 1979, 2565-2566).

Die Krankenhausbedarfsplanung in Bayern und Nordrhein-Westfalen
unterscheidet sich zusammenfassend hauptsächlich in zwei wesentlichen Punkten: Versorgungsgebiete in Nordrhein-Westfalen wurden
auf der Grundlage von krankheitsbezogenen und krankenhauspla-
nungsrelevanten Kriterien gezogen, unabhängig von Verwaltungsgrenzen und bedingt abhängig von Landesplanungsregionen. Verwaltungsgrenzen wurden schon in den 60iger Jahren bei der
Krankenhausbedarfsplanung für undifferenziert und unbrauchbar
gehalten. An dieser Meinung hat sich auch bis zur Gegenwart
nichts geändert.

Ein weiterer Unterschied in der Praxis der Krankenhausbedarfs-
planung zwischen Bayern und Nordrhein-Westfalen besteht in der
Verwendung von unterschiedlichen und mehr oder weniger umfassen-
den Bedarfsdeterminanten bei der Bestandserhebung und bei der
Aufstellung von Prognosen. In beiden Ländern orientieren sich
Prognosen und Soll-Vorstellungen an Ist-Werten, die sich seit
Beginn der Planung in beiden Ländern verändert haben und eine
Anpassung der Planung unabhängig vom jeweils praktizierten
Planungsansatz notwendig machte. Beide Länder verwenden die
klassischen Determinanten wie Bettenzahl, E, KH, VD, und BN.
Bei der Erfassung des Bedarfs verwendet Nordrhein-Westfalen
eine größere Palette von Daten ebenso wie bei der Erstellung
von Prognosen. In der Tat ist das planerisch-analytische Instru-
mentarium der Krankenhausplaner in Nordrhein-Westfalen im Vergleich zu Bayern beeindruckend und seine Untermauerung mit vermeintlich harten wissenschaftlichen Analysen bestechend. Im
Gegensatz hierzu lehnen die Planer in Bayern schon seit der
Denkschrift von 1965 jede Festschreibung von Zielnormen und
Schlüsselzahlen solange ab, bis wissenschaftlich abgesicherte
Diagnose-Statistiken Hilfestellung bieten können. Ob differenziertere Statistiken den Zweck der Bedarfsplanung als techno-
kratische und nicht wesentlich als politische Planung überhaupt
jemals werden erfüllen können, wird ausdrücklich hier bezweifelt.

Abschließend drängen sich bei diesem Formalvergleich drei Fragen
auf, die über die Kritik von Bruckenberger (1978a) hinausgehen.
Welches Verhältnis besteht zwischen der Kenntnis dieser Einflußgrößen und ihrem tatsächlichen Gewicht bei planerischen Entscheidungen? Können bestehende Versorgungsstrukturen und die zur
Verfügung stehenden Ressourcen wie Finanzmittel, medizinische
Kapazitäten und entsprechend politisches Durchsetzungsvermögen
einzelner Akteure bei der Planung im Einzelfall nicht auch den
Ausschlag geben? Und schließlich, wie viel besser, bedarfsorien-
tierter und versorgungsadäquater sowie finanziell tragbarer sind
die Ergebnisse der Krankenhausbedarfsplanung in Nordrhein-Westfalen im Vergleich zu Bayern? Im letzten Hauptkapitel dieser
Untersuchung wird versucht werden, diese Fragen zu beantworten.

**Krankenhausbedarfsplanungspraxis und
Verwendung von Bedarfsdeterminanten
ein Vergleich
Bayern und Nordrhein-Westfalen**

Bestandserhebung			Prognose	
Quant.Er-fassung	Qual.Er-fassung	Sonstige Auflistung	Trendanalyse	Quant. Vorgabe

----

Bayern

Bevöl-kerungs-zahl**	Herz- u. kreis-lauflei-den***	Hoher Anteil von Verkehrs-unfällen***	Bevölkerungs-entwicklung**	KH**
KH**	Krebs-u. Stoff-wechsel-krank-heiten	Einweisungs-gewohnheiten d.niedergel. Ärzte***		VW**
VW**	med.Fort-schritt ***	BN**		BN**
BN**	Rückgang fam. Hilfe***			
	Alters-struk-tur**			

NRW

Bevöl-kerungs-zahl**	Einwei-sungsge-gewohnheit ten d. Ärzte (Ant. Belegärzte)	Med.Ur-sache *** ****	Bevölkerungs-entwicklung**	BN**
Alters-struktur** tur***	Erwerbs-struk-	Finanz. Be-lastung d. Patien-ten***	Altersstruk-tur***	
KH**	Diagnose-metho-den****	unvoll-ständige Erfassung	Anteil d. stationären Entbindungen***	
Geschlech-terpropor-tionen***	verkehrs-geograph. Lage*****		Geschlechter-proportionen***	

Quant. Erfassung	Qual. Erfassung	Sonstige Auflisting	Trendanalye	Quant. Vorgabe
Anteil d. stat.Entbindungen ***	Vorhandensein eines spezial. Bettenangebots****		KH Schätzung**	
VW**	Einschr.d. Wahlfreih. d.Patienten*****		Diszipl.bezogene Werte f. VW**	
Familiäre Situation****	Bauzustand Krankenhäuser*****		Reg.bez. Schätzung d.Entwcklg.Altersstruktur***	
Reg.Unterschiede d. VW****	Ruf d. Krankenhäuser*****		Reg.bez. Schätzung des Anteils d. station.Entbindungen***	
Unterschiede VW nach Disziplinen****	Altersgliederung****			
Herkunft d. Patienten u.medizin. Gründe****	Familiäre Situation u.finanz. Gründe****			
BN (diszipl. bezogen)**				
Regionale Unterschiede d.BN******				
Unterschiede nach Disziplin******				

Erklärung der Indizes:

*   Bezieht sich auf die Determinanten selbst, nicht auf das Ausmaß des Bedarfs (der Einflußist nicht gewichtet).
**   Unmittelbare Beeinflussung des Bedarfs.
***   Mittelbarer Einfluß über die KH.
**** Mittelbarer Einfluß über die VW.
***** Mittelbarer Einfluß über die Krankenwanderung und die KH
****** Mittelbarer Einfluß über die BN.

Quelle: Schön, Kopetzky, Janzer und Schwab.: Analyse und Bewertung der Krankenhausbedarfspläne der deutschen Bundesländer. In: Das Krankenhaus, 1978, 233-234.

5. Umsetzungsmechanismen der Krankenhausbedarfsplanung und -finanzierung im politisch-administrativen System Bayerns

5.1. Der Krankenhausplanungsausschuß

Multilaterale Entscheidungsstrukturen sind durch Bundes- und Landesgesetz bzw. Verordnungen vorgeschrieben. Desgleichen schreibt das KHG die Beteiligung, Mitwirkung und die Anhörung der Krankenhausgesellschaften und der Spitzenverbände der Kassen vor.

In Ausführung dieser Bestimmung wurde der Krankenhausplanungsauschuß in Bayern geschaffen, der das wichtigste Gremium für die Aufstellung und die jährliche Fortschreibung des KBP und die JKBPe ist. Darüber hinaus wird der Planungsauschuß in allen wesentlichen Krankenhausangelegenheiten eingeschaltet (Genzel und Miserok, 1975, 153). Aus bundesverfassungsrechtlichen Gründen wurde dem Planungsausschuß keine Entscheidungszuständigkeit sondern nur ein Mitgestaltungsrecht eingeräumt.

Die Federführung liegt beim Fachministerium, dem StMAS. Neben den bayerischen Staatsministerien, die die wichtigsten Entscheidungs- und Handlungsträger sind, hat Bayern die nachfolgenden Gruppen als wesentlich Beteiligte benannt:

- die Bayerische Krankenhausgesellschaft

- die Arbeitsgemeinschaft der bayerischen Krankenkassenverbände

- den Bayerischen Städteverband

- den Bayerischen Gemeindetag

- den Landkreisverband Bayern

- die Arbeitsgemeinschaft der bayerischen Bezirkstagspräsidenten (ab 1.12.1979 Verband der bayerischen Bezirke)

- die Arbeitsgemeinschaft der öffentlichen und freien Wohlfahrtspflege in Bayern

- den Verband der privaten Krankenanstalten in Bayern

- den Landesausschuß Bayern des Verbandes der privaten
  Krankenversicherung e.V. und

- die bayerische Landesärztekammer (17).

Jede Institution, die als wesentlich Beteiligte anerkannt wurde,
ist bei den Sitzungen durch einen ständigen Vertreter und/oder
dessen Stellvertreter vertreten, deren Namen amtlich bekannt-
gemacht sind.

Der Planungsausschuß hat allerdings keinen Einfluß auf das
fachliche Prüfungsverfahren, das die medizinische Leistungsfähigkeit eines Hauses, die Dringlichkeit einer Maßnahme und
den Bedarf prüft und bescheinigt. Diese Entscheidungen schaffen
wesentliche Grundlagen dafür, ob ein Krankenhaus bei der Planung und Förderung berücksichtigt wird. Je nachdem, wie Inhalt
und Ergebnis des fachlichen Prüfungsverfahrens formuliert sind,
programmieren sie Problemfälle vor, die auf einer Sitzung des
Planungsausschusses schwer rückgängig zu machen sind. Nach Ansicht eines Planers war der Krankenhausplanungsausschuß in allen
wesentlichen Fragen, die eine Veränderung des Krankenhausbe-
darfsplans notwendig machten, eingeschaltet (Miserok, 1980a,
327). Im einzelnen handelt es sich um folgende Beratungspunkte:
Baumaßnahmen, funktionale Veränderungen in Zusammensetzung und
Verteilung von Betten auf Fachrichtungen, Änderungen der Bedarfsdeterminanten, wie überholte Bevölkerungsprognosen und
ähnliches mehr.

Der Konsensbildung und dem Entscheidungsprozeß bei den Sitzungen
des Planungsausschusses sind zahlreiche Verhandlungen, interne
Gespräche beim StMAS und externe Abstimmungsprozesse vor- oder
nachgeschaltet, die alle zur Vorbereitung und Gesprächsführung
auf den Sitzungen des Planungsausschusses dienen. Allein diese
vor- und nachgeschalteten Verhandlungs- und Entscheidungsprozesse beeinträchtigen die Effektivität des Planungsausschusses
und die Spannweite dessen, was er tatsächlich mitentscheidet.
Letztlich übt er essentiell neben der rechtlich gesetzten Mitwirkung Legitimationsfunktionen der ministeriellen Entscheidungen aus.

Neben dem formal eingeräumten Vorsprung kann das StMAS Planungsentscheidungen und Sitzungsabläufe vielfältig und informell

beeinflussen. Die Vorbereitung der nicht-öffentlichen Sitzungen,
der Tagesordnung, der Festlegung des Termins, der Aufbereitung
und Interpretation der Unterlagen, sie alle geben dem StMAS
einen erheblichen Vorsprung bei der Verhandlungsführung, der zu
Überzeugungsstrategien und Kooperationsmanövern leicht eingesetzt werden kann. Gar der verspätete Versand von Sitzungsunter-
lagen gibt ihm einen nicht unerheblichen Vorteil gegenüber den
übrigen Mitgliedern des Planungsausschusses, die kaum eine
Möglichkeit haben, sich mit anderen Teilnehmern rückzukoppeln.

Der Planungsausschuß ist als beratendes, konsensusorientiertes
und politisch legitimatorisches Entscheidungsgremium eingesetzt,
bei dem jedem wesentlich beteiligten Verband eine Stimme zukäme,
wenn Abstimmung als Spielregel gälte. Divergenzen sollen möglichst ausdiskutiert und bereinigt worden sein. Das Ministerium
bemühe sich, die Mehrheit der Beteiligten für oder gegen ein
bestimmtes Projekt zu überzeugen und nicht gegen die Mehrheits-
meinung im Nachhinein zu handeln - ein Standpunkt, der jedoch
keineswegs von allen Gesprächspartnern bestätigt wurde.

Übereinstimmung, Zustimmung oder Ablehnung durch die beteiligten Gruppen dürften jedoch je nach Tagesordnungspunkt variabel
sein. Ob sie sich immer für oder gegen die vom StMAS vorgelegten
Empfehlungen und entsprechend vorprogrammierten Entscheidungen
äußerten, bleibt eine empirische Frage. Daß sich unter derart
heterogenen Interessen auf der einen Seite und der ungeheuren
Problemspannbreite der Krankenhausbedarfsplanung auf der anderen Seite kaum konstante Muster der Koalitionsbildung ergeben,
ist von der Problemsituation her einsichtig. Doch eine abschließende Beurteilung bedürfte einer detaillierten Studie des
interministeriellen und des internen Entscheidungsprozesses des
Planungsausschusses.

Trotzdem erfüllen theoretisch die Abklärungen im Planungsausschuß andere wichtige Funktionen. Einmal können Abstimmungen
tatsächlich einen wesentlichen Beitrag zur Krankenhausbedarfsplanung leisten, sofern objektive Planungskriterien und analytische Bedarfsformeln und deren Verfeinerung im Vordergrund
stehen. Zum anderen wurden bereits in anderen Domänen der
Landespolitik und der Ministerialbürokratie schon beschlossene
Entscheidungen durch eine Diskussion im Planungsausschuß im
Nachhinein sanktioniert und politisch nach außen hin legitimiert. Schließlich könnte der Planungsausschuß als das gesetzlich maßgebliche Gremium für die Krankenhausbedarfsplanung Veränderungen und Innovationen initiieren und sie mit dem ganzen

Gewicht des Ausschusses zu Überzeugungskampagnen im Makro-
Bereich der Landespolitik und -verwaltung vertreten, wenn dieser
Ausschuß tatsächlich prospektiv und nicht retrospektiv in die
Krankenhausbedarfsplanung eingeschaltet wäre.

Gerade weil Krankenhausbedarfsplanung politische Planung ist,
kam es auch zu recht unterschiedlichen Entscheidungen des Ausschusses und häufig zu solchen, die nicht von allen Teilnehmern
politisch mitgetragen wurden, denn diese verstießen gegen die
Interessen und Zielvorstellungen der Gruppen, die sie vertraten.
Beispielsweise stellten 1977 die bayerischen Krankenkassen wie
anderorts massiv die Forderung auf, in etwa 70 Fällen Anträge
von Krankenhäusern nach § 371 RVO abzulehnen, da sie wirtschaftliche Krankenhauspflege nicht garantieren würden (18). Tatsächlich wurden diese Anträge zur Aufnahme in die bayerische Krankenhausversorgung von den Kassen mit voller Unterstützung des
StMAS abgelehnt. Bei ca. 40 Häusern wurden Überprüfungen der
Wirtschaftlichkeit durch den Landesverband der Ortskrankenkassen nach vorheriger Genehmigung durch das StMAS vorgenommen.
10 Häuser wurden anerkannt, 20 mit Fristen abgelehnt, was nach
§ 371 RVO binnen drei Monaten möglich ist, und 10 wurden sofort
abgelehnt (Engels und Graeve, 1980, 40-48). In allen Fällen
wurde mit dem Hinweis auf den Verstoß gegen die Bedarfsplanung
und nicht wegen mangelnder medizinischer Leistungsfähigkeit
argumentiert. Andererseits beschloß der gleiche Planungsausschuß die Fortschreibung des KBP für 1978, der den Fortbestand
der vorher mit einem Streichvermerk versehenen Häuser auf Dauer
sicherte. Dieser Entscheidung waren heftige politische Ausein-
andersetzungen im Landtag und anderen formalen wie informellen
politischen Kreisen vorausgegangen. Es gibt andere Beispiele von
konflikthaften Entscheidungen des Planungsausschusses ungeachtet der Minderheitenvoten, die von der Bayerischen Krankenhausgesellschaft und dem Landkreisverband Bayern abgegeben wurden
(19).

Verwaltungspraktiker wissen, daß politische Entscheidungen zu
strategisch wichtigen Fragen notwendig sind. Sie wissen aber
auch aus Erfahrung, daß diese häufig für die Umsetzung in effektive und zielgerichtete Lenkungsinstrumente geringe Hilfestellung bieten und daß zahlreiche Ermessensentscheidungen im Programmvollzug anfallen, deren Auswirkungen zusammengenommen
häufig ebenso wichtig sind wie diejenigen, die durch die strategischen Entscheidungen ausgelöst werden. Der Krankenhausplanungsausschuß scheidet als Umsetzungsmechanismus vollkommen aus.
Wie schon erwähnt, ist der Ausschuß am fachlichen Vorprüfungs-

und fachlichen Prüfungsverfahren ebenso unbeteiligt wie an allen
Entscheidungen beim Programmvollzug, die nicht gering sind. Doch
wäre es müßig, Zahl und Art der Ermessensentscheidungen bei
jährlich etwa 800 Krankenhausakten aufzurechnen im Vergleich
zu etwa 120 und 150 Akten in der Zeit vor 1972 (Der Bay.Bgm.
1972, 219).

5.2.   Ministerielle Aufgabenteilung

Interministerielle Entscheidungsdomänen und zwischen ihnen
bestehende Konflikte erschließen sich dem Außenstehenden kaum.
Auch der Einfluß eines Ministeriums dürfte keine Konstante sein,
sondern stark davon abhängen, um welches Einzelprojekt es sich
handelt. Doch die Aufgabenteilung zwischen einem und vier Landesministerien läßt gewisse Abhängigkeitsverhältnisse und Konflikte erwarten, die bei der Konzentration aller Entscheidungs-
befugnisse in einem einzigen Ministerium nicht entstehen würden.

Seit 1972 ist das StMAS, wie bis 1972 das Innenministerium, zuständig für die Aufstellung des KBP, die Durchführung des KHG
sowie für die Ausarbeitung von Gesetzesvorlagen und Verordnungen, die nicht die Zustimmung anderer Ministerien erforderlich machen (20). Doch die vom StMAS beschlossenen Vorhaben zur
Krankenhausbedarfsplanung und anderen Maßnahmen bedürfen der Zustimmung des Finanzministeriums, das sämtliche Finanzmittel verwaltet und für die örtliche Beteiligung an der Krankenhausfinanzierung in Bayern zuständig ist. Damit befand sich das StMAS
in einer unvergleichlich größeren Abhängigkeit vom Finanzministerium als das MAGS in Nordrhein-Westfalen, das nach Absprachen
mit dem Finanzministerium die ihm zugeteilten Haushaltsmittel
in eigener Regie verwaltete. Daß heute in beiden Ländern das
Finanzministerium die Oberhand hat bei sämtlichen Entscheidungen
der Landespolitik, die Finanzmittel betreffen, darf als wahrscheinlich angenommen werden.

Die gegenseitige Abhängigkeit der Ministerien ändert die Ausgangslage derjenigen nicht, die von ministeriellen Entscheidungen abhängig sind. Von anderen politisch-kulturellen Milieus
ist bekannt, daß unter ähnlichen Umständen private von staatlichen Stellen abhängige Gruppen diese zuerst als Nachteil er-
scheinende Zersplitterung zu ihrem eigenem Vorteil wenden, indem
sie als politische Verbündete eines Ministeriums ein anderes
ausbieten. Diese Situation trat offensichtlich nach den Stimm-
lagen, die Schnabel über die "Kompetenzvielfalt ... als organi-

satorisches Ärgernis" zusammentrug, nicht ein (1980, 211-212).

5.3.   Planungsinstrumente und Verfahrensregeln

Der durch das KHG vorgeschriebene und vom Bay.KrG. näher prä-
zisierte KBP wurde erstmals 1974 erstellt (StMAS, 1974). Er
sollte einen Orientierungsrahmen für die umfangreiche öffentliche Investitionsförderung abgeben und gleichzeitig Aussagen
über den gegenwärtigen und zukünftigen Bedarf an stationären
Versorgungsleistungen machen. Seit 1974 wurde der KBP achtmal
fortgeschrieben.

Auf alle inhaltlichen Veränderungen in den letzten zehn Jahren
kann nicht eingegangen werden. Doch die wichtigsten bedürfen
einer Erwähnung, denn sie spiegeln auch wider, wie erheblich
sich die Bedingungen der Krankenhausfinanzierung und -planung
in zehn Jahren geändert haben. Die größten Veränderungen ergaben sich in der Anfangsphase, als zahlreiche Krankenhäuser mit
Planungsvermerken bedingt aufgenommen wurden. Damals wurden etwa
212 Häuser mit einem Sperrvermerk versehen. Am 1.1.1980 waren
von den 402 in den KBP aufgenommenen Häusern noch 110 Häuser
mit einem Sperrvermerk versehen. Unter Planungsvermerken waren
rechtlich zwei Arten zu unterscheiden: sog. Vorbehaltsvermerke
und sog. Befristungsvermerke. Die Vorbehaltsvermerke sollten
Krankenhäuser in bestimmten Regionen, die in den KBP aufgenommen
wurden, darauf hinweisen, daß in Zukunft mit Änderungen gerechnet werden müsse. Befristungsvermerke hingegen waren Planungsentscheidungen über die Inbetriebnahme eines neuen oder die
Schließung eines alten Krankenhauses zu einem bestimmten Termin
(Miserok, 1980b, 34). Diese Vermerke sind zwischenzeitlich aus
dem KBP verschwunden.

Eine zweite wesentliche Veränderung ergab sich bei der dritten
Fortschreibung des KBP im Jahr 1978. Als Folge politischer
Interventionen und politischen Drucks wurden Krankenhäuser, die
als zum Ergänzungsbedarf zugehörig mit einem Planungsvermerk 'E'
eingetragen waren, umgestuft. Damals wurden 56 Planungsvermerke
gestrichen. Im gleichen Jahr wurde in Häusern, die über drei
Jahre hinweg eine Auslastung von weniger als 80 % bzw. eine VD
von mehr als 20 Tagen auswiesen, die Zahl der Betten gekürzt.
Bei der 5. und 6. Fortschreibung ergaben sich keine wesentlichen
Änderungen mit Ausnahme der Aufnahme neuer Fachrichtungen und
der Erwägung der Aufnahme evtl. weiterer notwendiger Fachrichtungen im Rahmen eines Krankenhausbetriebs. In Ausführung des

KHKG von 1981 finden sich Hinweise auf Kostendämpfung, Zusammenarbeit und Aufgabenteilung, die Anschaffung medizinisch-technischer Großgeräte und die Versorgung von Patienten in wirtschaftlichen Betriebseinheiten und ähnliches mehr.

Im Teil I des KBP waren die allgemeinen Grundsätze, Anwendungs-
bereiche, Planungsgrundsätze und Leitlinien der Krankenhausplanung sowie die Grundlagen der Bedarfsermittlung dargelegt.
Im Teil II waren in Abschnitt A die vollgeförderten, d.h. die
in den KBP aufgenommenen bedarfsnotwendigen Krankenhäuser in
den 7 Versorgungsgebieten (= 7 Regierungsbezirke) unter Angabe
des Standortes, der Trägerschaft, der zu fördernden Bettenzahl,
der Fachrichtungen, der Versorgungsstufe und in Abschnitt B die
förderfähigen Maßnahmen aufgenommen, die das fachliche Vor- und
Hauptprüfungsverfahren durchlaufen hatten. Im Jahr 1980 wurde
der Teil II durch einen Abschnitt C ergänzt, in den alle Errichtungsmaßnahmen (Neubau, Umbau, Erweiterungsbau) aufgenommen wurden, für die zumindest der erste Verfahrensabschnitt, d.h. die
fachliche Prüfung abgeschlossen war (21).

Im Teil III war ursprünglich die langfristige Krankenhausbedarfsplanung in Abstimmung mit anderen Versorgungsbereichen angesprochen, wie etwa die - Integration psychiatrischer Abteilungen in Krankenhäusern der 2. Versorgungsstufe

- Nachsorgeeinrichtungen

- Organisation der geriatrischen Versorgung

- sog. Praxiskliniken

- Formen halbstationärer Versorgung

- Trainingszentren zur Versorgung chronisch Nierenkranker und
  Betreuung von Heimdialyse-Patienten

- Schwerpunktversorgung für bestimmte Fachgebiete

- Belegärztliche Tätigkeit

- Kooperation zwischen dem ambulanten und dem stationären
  Bereich, insbesondere im Rahmen der Rehabilitationsein-
  richtungen.

Die integrierte Planung sollte die Verzahnung von Planung im

stationären Bereich mit Planung im ambulanten Bereich sowie mit
Planungen in der Altenpflege, der Rehabilitation und den psychiatrischen Diensten und ähnliches ermöglichen. Doch nicht nur
konträre Interessen der Parteipolitiker auf Landes- und Kommunalebene, der Standesvertreter und der Vertreter von Fachdisziplinen, sondern auch große Wissenslücken darüber, wie Koordination und Integration zahlreicher sektoraler Bereiche im Gesund-
heits- und Sozialwesen in der politischen Wirklichkeit erzielt
werden können, verzögerten die Realisierung einiger Zielvorstellungen um viele Jahre. Andere wurden vollkommen aufgegeben.

Seit 1980 wurde die Erstellung von Sonderprogrammen für sinn-
voller gehalten, wie etwa Fachprogramme für die Versorgung
chronisch Nierenkranker

- die Versorgung Strahlengeschädigter

- die Versorgung von Unfallopfern durch Verbesserung des
  Luftrettungsdienstes und

- die Versorgung von Schlaganfallpatienten.

Der Einfluß der etablierten Herrschafts- und Versorgungsstrukturen im ambulanten und stationären Bereich sowie im Gesund-
heits- und im Sozialwesen gefährdeten die Schaffung von Fach-
programmen weniger als jede ernstgemeinte Koordination.

Die Jahreskrankenhausbauprogramme werden gemeinsam vom StMAS
im Einvernehmen mit dem Staatsministerium des Innern unter Mitwirkung des Planungsausschusses aufgestellt. Sie werden jährlich
ergänzt und fortgeschrieben. Ausdrücklich wird darin aufmerksam
gemacht, daß die fachliche Prüfung der Aufnahme in den KBP vor-
ausgehen muß und daß ein nicht genehmigter Baubeginn nicht im
Nachhinein geprüft und gefördert werden kann (22).

Grundlage der Finanzplanung sind die JKBPe, die die Höhe der
jährlichen Finanzmittel in den Haushaltsplänen meist für 2
Jahre auflisten und Angaben über unterschiedliche Kategorien
von Baumaßnahmen machen:

- bereits geförderte Maßnahmen zur Errichtung (Neubau, Umbau,
  Erweiterungsbau) von Krankenhäusern

- erstmals zu fördernde Errichtungsmaßnahmen

- Wiederbeschaffung mittelfristiger Anlagegüter und des
  Ergänzungsbedarfs

- Wiederbeschaffung kurzfristiger Anlagegüter

- Planungskosten (seit 1980).

Für die Auszahlung von Fördermitteln müssen folgende Voraussetzungen erfüllt sein:

- Aufnahme in den KBP

- Aufnahme in das JKBP

- formale Bestätigung der Aufnahme durch die Landesbehörde

- Einhaltung der Vorschriften der BayHO und entsprechender
  Verwaltungsvorschriften.

- Aufnahme in das Investitionsprogramm seit dem KHKG.

Ausnahmeregelungen für die Aufnahme in das JKBP zeitlich vor
der Aufnahme in den KBP sind vorgesehen.

5.4.   Auszahlung der Fördermittel

Nach dem im Bay.KrG. vorgesehenen Förderungsverfahren wurden
die Fördermittel vom Staatsministerium für Finanzen im Einvernehmen mit dem StMAS und dem Ministerium des Innern bewilligt.
Ersteres war auch ermächtigt, im Einvernehmen mit den gleichen
Ministerien das Förderverfahren zu regeln und gewisse Zuständigkeiten auf die Regionalbehörden zu übertragen. Hingegen wurde
das StMAS ermächtigt, im Einvernehmen mit dem Staatsministerium
der Finanzen Vorschriften zu erlassen, die näher bestimmten,
unter welchen Voraussetzungen Investitionskosten den Grundsätzen
der Sparsamkeit und Wirtschaftlichkeit entsprechen. Soweit diese
Rechtsverordnungen kommunale Belange betrafen - 70 % der Krankenhäuser sind kommunale Häuser in Bayern -, ergingen sie im
Einvernehmen mit dem Ministerium des Innern.

Erst bei Vorliegen aller Fördervoraussetzungen und eines entsprechend avisierten Baufortschritts sollten Fördermittel an
die Träger ausgezahlt werden. Zwischenfinanzierungen sollten
vermieden werden. Die Anpassung des Baufortschritts an die För-

derleistung war in der Tat weltfern und wenig praxisorientiert.
Seit 1975 wurden Beträge, die zur Restförderung anstanden, bis
zur Vorlage des Verwendungsnachweises zurückgestellt. Da dieser
Zurückstellungsschlüssel kaum durchführbar war, wurde er durch
Verordnung 1979 geändert. Seit 1980 müssen Sicherheiten zugunsten des Freistaats Bayern erbracht werden. Nach der 1.DVO/Bay.
KrG/FAG sollen Bauaufträge ungeachtet der Trägerschaft ausge-
schrieben werden. Die zunehmenden Finanzschwierigkeiten beim
Krankenhausbau finden ihren Niederschlag in den JKBPen nach
1980. Die Grundsätze von Sparsamkeit und Wirtschaftlichkeit
sollen künftig noch stärker als bisher berücksichtigt werden.
Doch zwei Jahre der restriktiven Krankenhausplanung und -förde-
rung und der wirtschaftlichen Lage der Bauindustrie verlangen
auch politische Rücksichtnahme.

Aus diesen unterschiedlichen Regelungen geht eindeutig hervor,
daß die Lösung sämtlicher Fragen der Krankenhausfinanzierung und
-planung den Landesministerien übertragen wurden im Unterschied
zur Praxis vor 1972. Im Verhältnis der Ministerien untereinander
waren gewisse 'checks and balances' eingebaut, die eigentlich
große Pendelschläge eines Ministeriums verhinderten, gleichzeitig jedoch auch Probleme schufen, die beim Programmvollzug
in irgendeiner Weise gelöst werden mußten. Auch die fast jährlichen Änderungen der Bedingungen zur Auszahlung der Fördermittel konnten nicht ohne Auswirkungen auf den Programmvollzug
bleiben. Von diesen Korrekturen waren besonders zwei Gruppen
betroffen: die Krankenhausträger als eigentliche Adressaten der
Krankenhauspolitik und die Förder-, Feststellungs- und Planungsbehörden bei den Bezirksregierungen. Doch diese Vorschriften
zum Verfahren und zur Auszahlung der Fördermittel waren nicht
die einzigen Erschwernisse, sondern auch die Bestimmungen zur
fachlichen Vorprüfung und fachlichen Prüfung. Gemeinsam stellten
sie Handlungsanweisungen für den Programmvollzug dar.

5.5.   Organisatorische Verankerung von Aufgaben und Verantwortung

Die bis 1979 maßgeblichen Bestimmungen der 1.DVO/Bay.KrG/FAG
vom 18.11.1977 zur Einhaltung formaler Entscheidungs- und
Implementationspfade sowie die Verantwortung einzelner Akteure
sind schematisch dargestellt .

Durchführungsverordnung zum Bayerischen Krankenhausgesetz/
Finanzausgleichsgesetz vom 18.11.1977

Fachliches Prüfungsverfahren bei Maßnahmen nach § 9, I und II KHG	Bedarfsprüfungs- verfahren bei Maßnahmen nach § 9, III und IV KHG

/\

Fachliche Vorprü- fung (Bedarfsfest- stellung)	Fachliche Prüfung (Programm- und De- tailplanung)	
Schriftl. Antrag über Gesundheits- amt bei Bez.Reg. (oder über Land- ratsamt für kreisangehörige Gemeinden)	Schriftl. Antrag direkt bei Bez. Reg. (oder über Landratsamt für kreisangehörige Gemeinden)	Schriftl. Antrag direkt bei Bez.Reg. (oder über Landrats- amt für kreisange- hörige Gemeinden). Bei dringenden Fällen fernmündl. Antrag bei Bez. Regierung
Entscheidung durch StMAS. Beteiligung des Planungsaus- ausschusses nach Art. 7 BayKrG vor Abschluß der fachl. Vorprüfung	Entscheidung durch StMAS. Im Einzel- fall kann Bez.Reg. ermächtigt werden, wenn keine kranken- hausplanerischen Bedenken bestehen	Entscheidung durch Bez.Reg.

Seit 1979 tritt an die Stelle der bisherigen Teilung die Pro-
grammfreigabe und die fachliche Billigung. Die textliche Formulierung der Bestimmungen zu diesen Verfahren vor und nach
1979 besticht durch ihre Kürze, Präzision und Einfachheit
(Genzel und Miserok, 1975, 258-267). Doch verbirgt sie etwas
Wesentliches. Die Verordnung greift wörtlich auf die inhaltlichen Zielsetzungen und prozeduralen Vorgaben früherer Verordnungen aus dem Jahr 1959 bzw. 1966 zurück, die geprägt sind von
der bürokratischen Vorliebe zur genauen Festlegung zahlreicher
Vorschriften und Detailregelungen. Die Zweiteilung des Prüfungsverfahrens in ein fachliches Vorprüfungsverfahren und ein fachliches Prüfungsverfahren bestand schon damals. Welche und wie-

viele Anlagen einen Antrag begleiten sollten, war damals schon
zentral vom für das Gesundheitswesen zuständigen Innenministerium und später vom Arbeitsministerium festgelegt. Eine Antragstellung konnte damals wie heute formlos sein. Sie mußte jedoch
von Anlagen begleitet sein, die über vier als strukturell wichtig angesehene Dimensionen Angaben machen, und zwar über

- die Leistungsfähigkeit eines Hauses

- das Bauvorhaben

- das Einzugsgebiet

- die Vorhaltung von Betten nach dem Bundesseuchengesetz.

Die Leistungsfähigkeit eines Hauses wurde definiert als das
Ergebnis des Zusammenwirkens von vier Bezugsgrößen:

- Ist- und Sollzahlen der Betten aufgeschlüsselt nach Fachrichtungen

- Verhältnis von Arzt/Betten je nach Disziplin

- Begründung des Bauvorhabens

- Anzahl der vermutlich abgerechneten Pflegetage, der durchschnittlichen VD und BN in den vorausgegangenen 3 Jahren.

Zum Bauvorhaben selbst wurden Informationen eingeholt über
die Gesamtkonzeption und die einzelnen Bauabschnitte, die Anzahl der neu zu schaffenden Betten und die ärztliche Besetzung
(hauptamtlicher Arzt, Belegarzt, nach Disziplin). Zum Einzugsgebiet waren von Interesse die gegenwärtige und zukünftige
Bevölkerung im Einzugsgebiet. Für einzelne Fachrichtungen wurden
unterschiedliche Einzugsgebiete angesetzt.

Diese Unterlagen wurden vom Ministerium des Innern geprüft, ob
tatsächlich ein Bedarf bestand und ob die Voraussetzungen für
die damalige Förderung erfüllt waren. Die endgültige Entscheidung über die Finanzmittel erfolgte durch das Finanzministerium.
Doch die Zustellung des Bescheids erfolgte durch das Innenministerium. Soweit die Regelungen zur fachlichen Vorprüfung. Sie
stellen kaum ein Bruch in der historischen Kontinuität dar!

Zur Bedarfsplanung mußten Angaben gemacht werden, ob diese mit

den Unterlagen der Vorprüfung übereinstimmten. Abweichungen
waren genau auf vorgeschriebenen Formblättern einzutragen. Zur
Bauplanung waren ähnlich detaillierte Planungsunterlagen vorzulegen wie zur Vorprüfung. Das Medizinalreferat bei der Bezirksregierung mußte nach Abschluß des Projekts bescheinigen, ob die
Betten tatsächlich entsprechend den Plänen in den Fachabteilungen, für die sie genehmigt wurden, standen, ob das ärztliche
Personal zur Verfügung stand, und ob im Notfall infektiöse
Patienten tatsächlich untergebracht werden könnten.

Daß man sich gerade in der Nachprüfung dieser Regelungen auch
heute noch schwer tut, erhellt das nachfolgende Zitat:

> In der Folgezeit zeigte sich allerdings, daß die Träger
> bei der Sondererhebung in einer Vielzahl von Fällen –
> aus welchen Gründen auch immer – Angaben gemacht hatten,
> die mit den tatsächlichen Verhältnissen nicht überein-
> stimmten. Vor allem bei den vorgehaltenen Fachrichtungen
> waren die Mitteilungen sehr lückenhaft, was nachträgliche
> Korrekturen der Planung erforderlich machte (Miserok,
> 1980a, 320).

Auf der Ebene der regionalen Behörden ist der Komplex Krankenhaus nach vier inhaltlichen Sachverhalten getrennt. Das Pflege-
satzfeststellungsverfahren wird von den Preisreferaten in der
Wirtschaftsabteilung der Bezirksregierung verwaltet. Die Krankenhausplanung und -förderung liegt in der Zuständigkeit von
drei Abteilungen: medizinisch-stationäre Versorgungsfragen werden von der Abteilung Humanmedizin, bauliche Begutachtungen von
der Abteilung Hochbau bearbeitet. Fragen zur Finanzierung, Prüfung der zwecksentsprechenden Verwendung öffentlicher Mittel und
dergl. fallen in den Aufgabenbereich der Abteilung Kommunale
Angelegenheiten.

Mit Ausnahme der Abteilung Humanmedizin liegt in jedem Aufgabenbereich das Schwergewicht der Verwaltungtätigkeit auf Bereichen, die außerhalb des Gesundheitswesens und der Krankenhausbedarfsplanung und -finanzierung liegen. Entsprechend sind die
Abteilungen in unterschiedliche vertikale Kommunikationsprozesse
mit dem einen oder dem anderen Ministerium eingebettet, was
nicht ohne Folgen für den Programmablauf bleibt. So laufen die
Kontakte von Humanmedizin vorwiegend zum StMAS, dem Innenministerium und in Angelegenheiten der Universitätskliniken auch
zum Ministerium für Unterricht und Kultus. Für die Abteilung
Kommunale Angelegenheiten sind das Innen- und das Finanzmini-

sterium die wichtigsten Anlaufstellen. Mit dem Inkrafttreten der
BPflV laufen nach dem Ressortwechsel vom Wirtschafts- und Ver-
kehrsministerium auf das StMAS beim letzteren auch die Kontakte
mit den Preisreferaten zusammen. Hochbau untersteht der Aufsicht
durch die Oberste Baubehörde im Ministerium des Inneren.

Trotz uniformer Rechtslage bleiben die Auswirkungen der recht
unterschiedlichen Krankenhauslandschaft im Dienstbereich der
Bezirksverwaltung auf die Tätigkeit dieser Abteilungen nicht
aus. Im Regierungsbezirk Oberbayern liegen vorwiegend Krankenhäuser der 3. Versorgungsstufe, aller übrigen Versorgungsstufen
sowie der Fachversorgung. Hingegen bestehen nur Krankenhäuser
der 1. und nur bedingt der 2. Versorgungsstufe im ländlichen
Regierungsbezirk der Oberpfalz. Entsprechend variieren die An-
tragshäufigkeit, die Verschiedenartigkeit der Anträge sowie der
damit verbundene Arbeits-, Prüf- und Zeitaufwand pro Antrag.

Je nach Behördenumfeld ist die Gewichtung von medizinisch-
technischen, bautechnischen und/oder finanziellen Aspekten durch
die drei Abteilungen auch nicht immer die gleiche in den zusam-
menfassenden Stellungnahmen, die die Regierung an das StMAS wei-
terreichen muß.

5.6.   Erfahrungen beim Programmvollzug

Die DVO sah die Einschaltung des Gesundheitsamtes bei der Antragstellung vor. Doch diese Bestimmung blieb reine Theorie.
Nach abgeschlossenem Verfahren wurden die Unterlagen der Form
halber auch an das Gesundheitsamt nachgereicht. In der Regel
wurde vom Träger nach telefonischer Rücksprache mit ministeriellen Stellen im Vorstadium der Antragstellung ein formloser
Antrag direkt an die Regierung gestellt. Die dort durchgeführte
Bedarfsprüfung bezog sich auf die Anzahl der Betten, die Reali-
sierbarkeit des Projekts im Rahmen der bestehenden Bausubstanz,
die Kosten und die chefärztlichen Stellungnahmen. Auch dies war
kaum eine Innovation im Vergleich zur Prüfung vor 1972!

Nach der Logik der DVO erscheinen die Prozesse der fachlichen
Vorprüfung und der fachlichen Prüfung getrennt, zeitlich auf-
einander folgend und sachlich komplementär. In der Praxis wurden
die Übergänge von der einen zur nächsten Phase durchaus als
fließend beschrieben. Wie häufig die Akten unter den Abteilungen
bei der Regierung, zwischen der Regierung und dem StMAS und anderen ministeriellen Stellen, und schließlich von der Regierung

zum Träger hin- und her geschoben wurden, blieb unklar. Klar
wurde im Feld, daß fernmündliche und politische, d.h. informelle
Kontakte bei Einzelprojekten die Regel waren. Ob diese Vorab-
klärungen und Sondierungen durch den Träger direkt, im Rahmen
des Behördenaufbaus oder aber, weil vielversprechender, über
parteipolitische Wege vorgenommen wurden, ist in diesem Zusammenhang unerheblich.

Die Vorverlagerung von krankenhausplanerischen und politisch
wesentlichen Angelegenheiten in das Vorstadium der behördlichen
Entscheidungsprozesse gehörte offensichtlich ebenso zur täglichen Routine der Krankenhausbedarfsplanung wie das Sondieren
bei den einzelnen Abteilungen, ob und welche Unterlagen ver-
besserungsbedürftig waren oder gar fehlten. Aus der Sicht der
Träger mußte der später formal beginnende Prozeß tatsächlich
als bürokratischer Formalismus und als lästig betrachtet
werden. Doch aus der Sicht der mit einer Antragstellung auf
Förderung befaßten Abteilungen gehörte das Sammeln aller Unterlagen zur täglichen Routine und zur Rolle als Zuarbeiter für
die zentralen Ministerien.

Der Entscheidungsprozeß auf der Ebene des StMAS und der übrigen
Landesministerien wurde recht unterschiedlich aus der lokalen
und regionalen Perspektive beschrieben. Bei kleinen Maßnahmen
soll das Ministerium im Zeitraum von 3 bis 4 Monaten, bei
größeren Maßnahmen zwischen einem and 3 Jahren entschieden
haben. Dabei soll auch das verhandlungstaktische Verhalten der
Beteiligten sowie die Qualität der Pläne eine wichtige Rolle
gespielt haben. Häufig sollen bis zu 3 und 4 Besprechungen im
StMAS zusammen mit Vertretern der Obersten Baubehörde, dem Lei-
tenden Medizinalbeamten der Regierung, dem Träger und dem Chef-
arzt bzw. den Chefärzten stattgefunden haben.

Aus der Sicht der Zentrale in München legte man sich eine verständliche Interpretation zurecht wie "die kommen auch gern in
die Hauptstadt". Aus der Sicht der Peripherie wurden diese häu-
figen Besprechungen als Ausdruck einer unflexiblen Ministerialbürokratie erklärt. Man berichtete auch von zahlreichen Konflikten und Meinungsverschiedenheiten unter den Ministerien.
Zuständigkeitsfragen sollen dabei häufig nur als Vorwand verwendet worden sein, um die Folgen einer ergangenen Entscheidung
zu mildern oder Entscheidungen, die noch anstanden, vorzuberei-
ten. Bei schwierigen Fragen des Programmvollzugs wolle wirklich
kein Ministerium die Verantwortung gegenüber den Trägern übernehmen. Dann würde der 'schwarze Peter' den Regionalbehörden

zugeschoben. Bei der großen zeitlichen Verzögerung, mit der
Bundes- und Landesverordnungen ergangen sind, und angesichts
der Tatsache, daß Ministerien und ihre entsprechenden Domänen
bei der Krankenhausbedarfsplanung und -finanzierung miteinander
um Prestige und Einfluß konkurrieren, klingen diese subjektiven
Erfahrungen realistisch und überzeugend.

Die in den Versorgungsregionen tatsächlich angefallenen Maßnahmen reichten von Um-, Neu- und Erweiterungsbauten bis hin
zu Sanierungs- und Modernisierungsmaßnahmen. Letztere schlossen
ein die Errichtung einer nephrologischen Abteilung, Intensivstationen, einer Notaufnahme und Unfallaufnahmeräume, einer
Tag- und Nachtklinik, einer Pathologie, einer Tele-Kobalt-
Bestrahlungsanlage, einer Strahlentherapie und Erweiterung der
Isotopendiagnostik und ähnliches mehr (vgl. Anm. 21 und 22).

Diese heterogenen Projekte figurierten alle unter dem Begriff
der 'Maßnahme'. Jede Einzelmaßnahme hatte das fachliche Vor-
prüfungs- und das fachliche Prüfungsverfahren durchlaufen und
wurde nach unterschiedlichen Ausführungsverordnungen begutachtet
und gefördert. Danach sind die exemplarisch zusammengefaßten
Schwierigkeiten beim Programmvollzug leicht nachvollziehbar. Sie
traten teilweise deswegen ein, weil keine Durchführungsverord-
nungen erlassen waren und teilweise, weil ständig etwas in bestehenden Verordnungen geändert wurde. Hierzu nur eine Skizze
der erwähnten Schwierigkeiten beim Programmvollzug:

- die Aufnahme bestimmter Beträge in das JKBP ohne Vorliegen
  der fachlichen Billigung, was die Ausnahmeregelung sein
  sollte, aber die Praxis wurde;

- der vorzeitige Beginn einer Baumaßnahme ohne vorliegende
  Genehmigung durch das Ministerium, respektive Regierung;

- die nachträgliche Billigung von Fördermitteln durch das
  Ministerium, respektive Regierung;

- die Veröffentlichung der JKBPe bzw. die Veröffentlichung der
  Fördermittel, die automatisch die Benachrichtigung der
  Träger über die Aufnahme ins JKBP beinhaltete unabhängig
  davon, ob Kommunen oder Landkreise Träger waren, diese
  jedoch für die örtliche Beteiligung aufzukommen hatten;

- die Veröffentlichung des JKBP für das laufende, doch jeweils
  fast abgeschlossene Kalenderjahr;

- die Unrealisierbarkeit, Bescheide für Neu- oder Umbauten
  nach den gesetzlich vorgeschriebenen Regeln und der Aufnahme in das JKBP nach der DVO erteilen zu können;

- die Förderung von Maßnahmen ohne fachliche Billigung, und
  dies auch wiederholt beim gleichen Träger;

- das Weiterbestehen der nicht in den KBP aufgenommenen Häuser
  bzw. die ausgebliebene Schließung dieser Häuser.

Im Mikro-Implementationsbereich wurden diese Abweichungen
häufig erwähnt:

- die Verwendung von nichtgenehmigten Betten in anderen
  Fachabteilungen;

- die Vorhaltung von 'schwarzen', d.h. überhaupt nicht
  genehmigten, Betten.

Kostenüberschreitungen durften nur in drei Fällen berücksichtigt werden:

- die Mehrausgaben waren geringfügig und waren durch unvorher-
  gesehene Entwicklungen und Kosten verursacht;

- die Maßnahme war im JKBP aufgenommen;

- die Maßnahme war fachlich geprüft worden.

Doch Schwierigkeiten der Fachprüfung ergaben sich besonders bei
An- und Umbauten, denn jeder Nachweis der Abweichung von ge-
billigten Plänen - Bauvorhaben - ist der Sache nach problematisch und arbeitsaufwendig. Besondere Probleme ergaben sich in
Grenzfällen, d.h. eine Maßnahme in der Höhe von 1 Mio DM war
gebilligt worden, doch die Endkosten beliefen sich auf
1,5 Mio DM.

Andere Implementationsprobleme ergaben sich im Zusammenhang mit
der verspäteten Inbetriebnahme eines Projektes. Rechnungen wurden noch bis zu drei Jahre nach Inbetriebnahme eingereicht,
obwohl die Erstausstattung in enger Auslegung des KHG eigentlich
zum Zeitpunkt der Inbetriebnahme fällig war. Hier divergierte
offensichtlich die Meinung des Ministeriums mit der Ansicht
einiger Regionalbehörden, die den Standpunkt vertreten haben

sollen, daß Geräteausstattungen erst dann gekauft werden sollten, wenn Spezialkräfte zur Bedienung zur Verfügung stünden. In der Zeit der Umstellung von etwa 1972 bis 1977 sollen die Vorschriften über Ausschreibungen der Bauaufträge und der Verwendungsnachweise relativ flexibel gehandhabt worden sein. Größere Auflagen wurden den Trägern bis zur revidierten VO, die Ausschreibungen vorschrieb, um das kostengünstigste Angebot zu erhalten, nicht gemacht. Doch einige Träger wählten nach wie vor ihren eigenen Architekten, dessen Kostenvoranschlag und Baupläne aus. Im diesem Bereich soll es häufig zu Divergenzen zwischen Bewilligungsbehörde und Trägern gekommen sein. Die Behörde hielt sich an die Vorschrift, und die Träger beriefen sich auf ihr Recht auf öffentliche Förderung.

Das Bedarfsprüfungsverfahren und die Förderung der Wiederbeschaffung mittelfristiger Anlagegüter und des Ergänzungsbedarfs ist organisatorisch dem Verfahren für Neu-, Um- und Erweiterungsbauten relativ ähnlich. Sofern beantragte Summen den Betrag von einer halben Mio DM nicht überschritten, wurde den Regierungen theoretisch eine größere Verantwortung übertragen. Dies wurde in Bayern und in Nordrhein-Westfalen als vereinfachtes Prüfungsverfahren bezeichnet. Trotz der theoretisch eingeräumten größeren Ermessensspielräume bestanden zahlreiche Restriktionen, die jede eigenständige Disposition der Regionalbehörden konterkarierten. Ursprünglich schrieben die geistigen Väter des Rechts der Krankenhausförderung in Bayern, daß "von der im Gesetz vorgesehenen Möglichkeit der Zuständigkeitsübertragung für Planungs- und Förderverfahren auf die Regierungen weitgehend Gebrauch" (Genzel und Miserok, 1975, 155) gemacht werden sollte. Diese Dezentralisierung von Zuständigkeiten wurde in Bayern genauso wenig wie in Nordrhein-Westfalen je eingelöst.

Die Krankenhausträger waren berechtigt (§ 10 KHG), für die Wiederbeschaffung von kurzfristigen Anlagegütern (3-15 Jahre) auf Antrag Fördermittel als jährliche Pauschale per Planbett zu erhalten. Einige Einzelheiten zu den Bemessungsgrundlagen, Anforderungsstufen etc. wurden im Bundesgesetz und den Landesgesetzen festgelegt. Andere wurden in Absprachen unter den Mitgliedern des Bund-Länder-Ausschusses festgelegt (23). Wegen der zahlreichen Abgrenzungs- und Zuordnungsfragen von Wirtschaftsgütern sollte die AbgrV Hilfestellung leisten, die mit fünfjähriger Verspätung am 1.1.1978 in Kraft trat. Die AbgrV verfolgte mehrere Ziele (Orth, 1978), die vorwiegend juristisch definiert wurden. Daß die AbgrV den Entscheidungsprozeß keineswegs vereinfachte, sondern erheblich komplizierter machte, ist

einleuchtend. So stellen beispielsweise ein Brenner und ein
Heizkessel eine Wirtschaftseinheit dar, doch als Einzelgüter
waren sie nach der AbgrV unterschiedlich eingestuft worden.
Die Verordnung über die Abgrenzung und die durchschnittliche
Nutzungsdauer von Wirtschaftsgütern im Krankenhaus trat am
1. Januar 1985 außer Kraft.

Andere Probleme ergaben sich im Zusammenhang mit den Anforderungsstufen, die als Grundlage für die Zahlung der Bett-
Pauschale von 8,3 % dienten und in der 3. Verordnung zur Neu-
festsetzung des Pflegesatzes vom 21.12.1979 festgelegt worden
waren. In diesem Zusammenhang wurden diese Verwaltungserfahrungen genannt:

- Verlust von nicht in Anspruch genommenen Pauschalen

- Probleme bei der Prüfung von Verwendungsnachweisen

- Schwierigkeiten bei der Prüfung der Verwendung von Pauschalen
  für geförderte Planbetten in anderen Fachrichtungen als im
  KBP genehmigt

- Nichtübereinstimmung der im Abstand von 2 Jahren jeweils am
  1.10. zu zahlenden Pauschalen mit der an das Haushalts-
  und Kalenderjahr angepaßten Krankenhausförderung

- unnötiger Verwaltungsaufwand, da alle Häuser sämtliche
  Unterlagen einreichen mußten, obwohl sich Veränderungen
  in der Zahl oder der Nutzung von Betten nur in ca. 10 %
  aller Fälle ergaben

- Auszahlung von Abschlagszahlungen alle drei Monate, berechnet
  nach dem Kalenderjahr

- buchungstechnische Doppelarbeiten als Folge der Umstellung
  von der kameralistischen auf die kaufmännische Buchführung.

Nach Vorgaben des Finanzministeriums sollten Abschlagszahlungen
als Bruttozahlungen verbucht, aber nur in Nettobeträgen ausgezahlt werden. Umrechnungen mußten für alle Landkreise durchgeführt werden. Auch die Träger mußten zweimal umbuchen, da die
Auszahlungen durch die Regierungen auf den Einnahmetitel der
Krankenhausumlage und nicht an den Träger gerichtet waren.

Geförderte Krankenhäuser konnten für die vor dem Inkrafttreten

des KHG auf dem Kapitalmarkt aufgenommenen Darlehen und Alters-
sicherungen unter bestimmten Voraussetzungen und nach Vorlage
sehr umfangreicher Unterlagen bei den Regierungen Fördermittel
beantragen (§ 12 KHG). In der Regel handelte es sich um Darlehen
mit einer Laufzeit von 30 Jahren. Der Nachweis von Belegen und
Zinszahlungen aus den 50er Jahren bereitete allen Krankenhäusern
große Schwierigkeiten.

Unproblematisch war die Prüfung von Maßnahmen, deren Kosten
deckungsgleich mit der Höhe eines Darlehens (seit 1970) waren.
Schwieriger wurde das Verfahren und die aufgeworfenen Ermessensfragen bei Kostenüberschreitungen von nur einer halben Mio DM.
Waren darüber hinaus noch staatliche Zuschüsse zur Deckung der
Differenz involviert, ergaben sich neue Ermessensfragen. Baumaßnahmen bei Großkrankenhäusern sind typischerweise durch
mehrere Darlehen finanziert. Theoretisch kann ein Darlehen zur
Finanzierung von 8 unterschiedlichen Maßnahmen herangezogen
werden. Andererseits kann eine Maßnahme über verschiedene Darlehen finanziert werden. Es fallen zahlreiche Zuordnungs- und
Ermessensfragen an, die auch in Zukunft weiterbestehen dürften.

Krankenhäuser, die nicht im KBP aufgenommen worden waren, waren
berechtigt, Anträge auf Härteausgleichszahlungen bei den Förderbehörden zu stellen (§ 8 Abs. 2 KHG) (24). In diesem Zusammenhang
soll es in Bayern zu zahlreichen Kontroversen gekommen sein. Die
Rolle der Förderbehörden war darauf beschränkt, das Vorliegen
eines Härtefalles amtlich festzustellen. Alle weiteren Entscheidungen und Lösungsvorschläge lagen beim StMAS.

5.7.   Aufgaben bei der Kommunalbeteiligung

Die Kommunalabteilungen bei den Regierungen sind an Fragen der
Finanzierung von Krankenhäusern mehrfach beteiligt. Sie zahlen
Fördermittel nach 5 unterschiedlichen Förderarten aus, und sie
ziehen die örtliche Beteiligung durch kreisfreie Städte und
Gemeinden ein. Obwohl dieser Komplex bei den Gesprächen nicht
im gleichen Maße angesprochen wurde wie andere Aspekte der
Finanzierung, wurde deutlich, daß die Kommunalabteilungen in
ein recht konflikthaftes Entscheidungssystem eingegliedert
waren. Es wurde von zahlreichen Divergenzen und Spannungen
zwischen dem Finanzministerium und dem StMAS berichtet. Feh-
lender Konsens auf der Landesebene wirke sich nachhaltig und
erschwerend auf die Arbeit vor Ort aus. Probleme, die zwischen
Finanzen und dem Rechnungshof bestanden, wurden ebenso als

Hemmnis angesehen wie die, die sich zwischen dem Inneren und
anderen Ministerien ergaben.

Im Gegensatz zur nordrhein-westfälischen Finanzierungslösung
waren die Kommunen in Bayern zur Hälfte an allen durch Bundesmittel nicht gedeckten Kosten beteiligt (Art. 10b FAG). Der
Kommunalanteil wird aufgebracht über eine örtliche Beteiligung
und eine Krankenhausumlage. Die örtliche Beteiligung beträgt
zwischen 10 und 20 % der Kosten zur Errichtung von Krankenhäusern, die in ihrem Gebiet entstehen, und für die Wiederbeschaffung mittelfristiger Anlagegüter in diesen Häusern. Die
Krankenhausumlage richtet sich je zur Hälfte nach der Umlage-
kraft der Kommune und der Einwohnerzahl (Huber, 1974).

Mit der Kalkulation der auf die einzelnen Städte und Landkreise
entfallenden Beträge der Krankenhausumlage wurde das Statistische Landesamt beauftragt. Die Kommunalabteilungen bei den
Regierungen sind angewiesen, den Eingang der Zahlungen zu überwachen (25). Da sie auch Auszahlungsstelle für Förderleistungen
bzw. Abschlagszahlungen sind, wurden sie ermächtigt, Verrech-
nungen der Krankenhausumlage mit den Förderleistungen, auf die
eine Kommune Anspruch hat, vorzunehmen. Die Einschaltung der
Regierungen ist unter der Voraussetzung abgeschlossen, daß die
Kommunen den normalen, vom Finanzministerium festgesetzten Satz
zu zahlen bereit waren. Im Jahr 1978 war der normale Satz auf
17,5 % festgesetzt. Lag die Beteiligung unter 17,5 %, mußte die
Akte nach München weitergeleitet werden. Die Entscheidung über
die endgültige örtliche Beteiligung wurde zwischen dem StMAS und
dem Ministerium für Finanzen abgesprochen. Aber nicht nur für
diesen Fall war die Zentralisierung der Entscheidungsbefugnis
vorgesehen. Der Begriff der örtlichen Beteiligung wurde inhaltlich nach Förderarten aufgeteilt und entsprechend zur zentralen
oder dezentralen Entscheidung erklärt.

Die Höhe der örtlichen Beteiligung bei Maßnahmen nach § 9 (1)
KHG wurde vom Ministerium, bei Maßnahmen nach § 9 (3) KHG von
den Bezirksregierungen festgelegt. Dabei mußten in beiden
Fällen zwei Faktoren geprüft und berücksichtigt werden: a) die
Bedeutung eines Hauses für die überregionale Krankenhausversorgung in Relation zur örtlichen Beteiligung und b) die Finanzkraft einer Stadt oder eines Landkreises, die die örtliche Beteiligung aufbringen mußten. Im ersten Fall ging es um die Ver-
rechnung von Kosten für ein Haus mit überregionalem Patienten-
einzugsgebiet. Im zweiten Fall ging es um das Abwägen zwischen
gesetzlicher Verpflichtung und tatsächlichen Finanzressourcen.

In Bayern variierte demnach bis 1978 die Höhe der örtlichen Beteiligung von zwischen 10 bis 20 %. Diese Variationen wurden
jedoch nicht nur mit dem Hinweis auf Förderart und Finanzkraft
erklärt, sondern auch mit dem Hinweis auf unterschiedliche
politische Einflußnahme auf den Entscheidungsprozeß auf Landesebene.

5.8. Information

Die Regierungen sind bei der Erstellung und Auswertung von
krankenhausplanerischen Daten nur bedingt eingeschaltet. Lediglich die Abteilung Humanmedizin fungiert als Übermittler der
von den Krankenhäusern jährlich zu erstellenden und beim Gesundheitsamt einzureichenden Krankenhausstatistiken an das StMAS (26).
Daneben übermitteln die Preisreferate dem StMAS die nach § 18
(2) BPflV am 30.4. eines jeden Jahres vorzulegenden Selbst-
kostenblätter, aus denen das StMAS u.a. seine Planungsdaten er-
mittelt. Doch bei der fachlichen Vorprüfung und beim eigentlichen Prüfungsverfahren sollen diese Daten nur eine "sehr
kleine und bescheidene Rolle" gespielt haben. Sie sollen eigentlich keinen Einfluß auf die Entscheidung des Ministeriums
gehabt haben.

Die gesundheitliche Fachaufsicht fällt mit dem Sitz eines Krankenhauses zusammen, wodurch die damit beauftragten Gesundheitsämter eigentlich über gute Detailkenntnisse der Verhältnisse
der einzelnen Krankenhäuser verfügen. Doch warum wurde das
Gesundheitsamt als Anlaufstelle in die 1.DVO/BayKrG/FAG aufgenommen, obwohl offensichtlich nie die Intention bestand, dieses
als Anlaufstelle zu benutzen? Ob auch diese Bestimmung nur das
Erbe der in den 50er und 60 er Jahren geübten Praxis war? War
die Aufnahme der Gesundheitsämter in die DVO auch, und zwar der
beste Weg, den möglichen Widerstand einer auf Besitzstands-
wahrung ausgerichteten Ordnungsverwaltung zu brechen, um so die
eigene Einflußdomäne aufbauen und konsolidieren zu können? In
einer Aufbau- und Konsolidierungsphase ist eigentlich kaum mit
der Dezentralisierung bedeutender Aufgaben an untergeordnete
Behördenstellen zu rechnen. Machtpolitische Fragen zwischen dem
StMAS und dem Innenministerium dürften eine wesentliche Rolle
in diesem Zusammenhang gespielt haben. Im Jahr 1971 verblieb
die Verantwortung für den öffentlichen Gesundheitsdienst beim
Ministerium des Innern, während das Krankenhauswesen, die Sport-
und Bädermedizin, die Gesundheitsvor- und -fürsorge sowie die
Geschäftsführung des relativ unbedeutenden Landesgesundheitsrats

auf den Geschäftsbereich des StMAS überging (GVBl. 1971, 198).

Zusammenfassend läßt sich über die Rolle und den Aufgabenkatalog der Förder-, Feststellungs- und Planungsbehörden dies sagen:
Sie waren Zuarbeiter der Landesministerien und mußten alle
äußerst umfangreiche Unterlagen und Nachweise koordinieren und
sollten dadurch möglichst die Arbeit der Landesministerien er-
leichtern. Aufgaben, die ihnen übertragen wurden, sind reine
Kontrollaufgaben, die hauptsächlich in der Bewertung und Prüfung der Konformität des Ablaufprozesses und seiner Rechtmäßig-
keit bestanden. Eigene Gestaltungs- und Einflußmöglichkeiten
hatten sie nicht. Ob vor oder nach 1972 die Vergabe von Finanzmitteln oder Beihilfen als Folge der Prüfung der Akten oder
einer Überprüfung vor Ort rückgängig gemacht wurde, blieb
unbeantwortet.

5.9. Anspruch und Wirklichkeit der kommunalen Selbstverwaltung

Die Städte und die Landkreise sind in ihrer Eigenschaft als
Träger und als Kommune durch einen doppelten Sicherstellungsauftrag für die stationäre Krankenhausversorgung der Bevölkerung
verantwortlich (Genzel, 1982). Nach dem staatlichen Sicherstellungsauftrag werden sie zu größerer finanzieller Verantwortung herangezogen als andere Träger, ohne daß damit eine zwei-
fache Einflußmöglichkeit bei der Entwicklung von Planungskon-
zepten und der Aufstellung des KBP parallel ginge. Nach dem
kommunalen Sicherstellungsauftrag (Art. 51 Abs. 3 Nr. 1 LKrO
und Art. 9 Abs. 1 GO) verbleibt zwar die Verantwortung für die
örtliche Planung - Standortwahl und Objektplanung - bei den
Städten und Kreisen, doch dabei sind sie wesentlich von den
überregionalen und überörtlichen Planzielen abhängig, die vom
StMAS vorgegeben werden. Darüber hinaus bedeutet die Genehmigung
und Förderung einer Baumaßnahme eines freigemeinnützigen Trägers
durch die Regierung für die Städte und Kreise automatisch eine
finanzielle Beteiligung, die sie weder ablehnen noch in der Höhe
beeinflussen können. In diesem Sinne sind bayerische Städte und
Kreise als Träger und als Gemeinde gegenüber den freigemeinnützigen und den privaten Trägern und dem Staat als Träger der
Universitätskliniken einmalig finanziell belastet.

Noch einmaliger ist die Situation der Stadt München insofern,
als sie einerseits Träger von 4 Krankenhäusern der 3. Versorgungsstufe ist, gleichzeitig aber der Raum München eine unvergleichlich höhere Zahl von Krankenhäusern aller Versorgungs-

stufen und aller Fachrichtungen aufweist, als jeder andere
Versorgungsraum in Bayern. Daß unter diesen Umständen grundsätzlich von einer Konkurrenzsituation und möglichen Spannungs-
feldern zwischen den recht heterogenen machtpolitischen und
versorgungsrelevanten Interessen der Träger dieser Häuser aus-
zugehen ist, ist einleuchtend. Ebenso einsichtig ist auch, daß
diese Interessen sich in unterschiedlichem Maße und in diverser
Ausgestaltung auf allen Entscheidungsdomänen und - ebenen im
engeren Politik- und Verwaltungsfeld der Stadt München wie auch
im Bereich der Politik der Landesparteien und der Landespolitik
manifestieren und bei Verteilungs- und Umverteilungsfragen bei
der Krankenhausbedarfsplanung und der -finanzierung eine nicht
unerhebliche Rolle spielen. Nur eine auf diesen politischen
Willensbildungs- und Entscheidungsprozeß abgestellte Untersuchung könnte den Nachweis erbringen, ob die paraphrasierte
Beschreibung der Abhängigkeit der Stadt München vom übrigen
Politik- und Planungsfeld über- oder untertrieben ist. Was die
anderen Träger aus finanziellen, medizinischen oder lehr- und
forschungsmäßigen Gründen nicht "müßten, dürften oder wollten",
bliebe bei den städtischen Krankenhäusern. Die übrigen Träger
suchten sich die Aufgaben bei der Krankenhausversorung heraus,
die ihnen je nach primärer Zielsetzung paßten.

Die Stadt München ist größter kommunaler Krankenhausträger in
der Bundesrepublik Deutschland. Die im KHG bzw. der BPflV angelegten Betriebskostendefizite wirkten sich auf Städte und Landkreise unterschiedlich aus. Zahlen aus den Jahren 1976 und 1977
belegen, daß nur 92 % der Gesamtkosten der städtischen Kranken-
hausbetriebe abgedeckt waren (27). Ferner betrugen die pauschal
geltend zu machenden Instandsetzungs- und Erhaltungskosten nur
ca. 40 % der tatsächlichen Aufwendungen. Der eigentliche Aufwand
der städtischen Krankenanstalten für 1976 betrug 12,4 Mio DM.
Die Deckung durch die im Selbstkostenblatt ausgewiesenen und
erstatteten Kosten jedoch nur 4,1 Mio DM. Diese Beträge erhöhten
sich für 1978 und 1979.

Für die Stadt München kommen noch die finanziellen Belastungen
durch die örtliche Beteiligung von durchschnittlich zwischen 15
und 17 % der Investititionskosten aller im Gebiet der Stadt
München gelegenen förderungsfähigen Krankenhäuser hinzu. Bei
derzeit 46 im KBP aufgenommenen Krankenhäuser in der Landeshauptstadt (StMAS, 1981, 11-14) sind die anfallenden Finanzmittel beträchtlich. In der Zeit von 1973 bis 1977 brachte die
Stadt München an Krankenhausumlage und örtlicher Beteiligung
insgesamt rd. 171 Mio DM auf. Im Haushalt 1978 waren für die

Umlage 36,6 Mio DM und für die örtliche Beteiligung 12,4 Mio
DM veranschlagt. Die Stadt München zahlte jährlich bis 1978 etwa
35 Mio DM Krankenhausumlage an den sog. Finanzierungsfonds des
Freistaates Bayern. Allerdings muß sie nicht für die staatlichen
Universitätskliniken und das Herz-Zentrum aufkommen. Hingegen
bezuschußte sie Personalunterkünfte und Sozialeinrichtungen.

Ähnlich wie in Nordrhein-Westfalen (Müller, 1972; Zuck, 1975)
nehmen die Landkreise sozialgeschichtlich und politisch eine
recht ambivalente Stellung im bayerischen Regierungs- und Ver-
waltungssystem ein (Knemeyer, 1977; Reigl, Schober, Skoruppa,
1978; Schwinghammer, 1977; Tschira, 1977). Auf der einen Seite
wird die kommunale Selbstverwaltung als unverzichtbarer Bestandteil der bayerischen Demokratie besungen. Andererseits bleiben
Bürgernähe, Problemnähe und Berücksichtigung lokaler und regionaler Besonderheiten im vergleichsweise ausgeprägten politischen
und bürokratischen Zentralismus in Bayern häufig unberücksichtigt. Gleichzeitig befinden sich die bayerischen Landkreise
gewissermaßen in einem politischen Rivalitätsverhältnis zu den
althergebrachten Bezirken aus dem 19.Jahrhundert. Obwohl ihre
Funktionen im politischen und administrativen Bereich durch eine
150jährige Geschichte überholt und praktisch überflüssig sind,
gelang es den Bezirkstagspräsidenten, dennoch Bestandsgarantien
zu erhalten. Bezirke sind ähnlich wie Landkreise Träger von
Kranken-und Pflegeanstalten. Entsprechend sind sie wie jene
auch im Krankenhausplanungsauschuß vertreten.

Beiden politischen Ebenen ist gemeinsam, daß sie erhebliche Ein-
bußen an Autonomie und Einflußnahme als Folge der verstärkten
Zentralisierung aller Steuerungskompetenzen in praktisch allen
Politikbereichen an die Landesministerien hinnehmen mußten. Dies
gilt für die Raumsteuerung in der Landesentwicklungsplanung wie
für die Finanzplanung (Frey, 1978). Es gilt dies ganz besonders
seit 1972 für die Krankenhausstrukturplanung, die Kapazitäten-
planung und die Steuerung der Krankenhausinvestitionen durch das
StMAS, das Finanzministerium und andere an der Krankenhausbedarfsplanung beteiligten Ministerien.

In der Zeit vor 1972 hatten die Landkreise und Landräte bei der
Einzelobjektplanung mehr Spielraum und Gestaltungsmöglichkeiten
als nach 1972. Aus dieser Zeit stammt auch der ironische Hinweis
auf die Krankenhäuser als "Landratsdenkmäler". Andererseits
blieb das Thema Krankenhausversorgung, das bis 1972 weitgehend
auf die Kreistagswahlen als Wahlkampfthema beschränkt war,
weiterhin für Landtagswahlen bestehen, wie dies besonders die

Wahlen von 1978 gezeigt haben. Entscheidungen der Landesministerien bei der Krankenhausbedarfsplanung stießen auf erheblichen politischen Widerstand bei einzelnen Kreisen, der sich
nicht nur auf die Lokalpolitik beschränkte, sondern bis zu politischen Interventionen im Landtag und bei der Staatsregierung
führte (28).

Der politische Weg als Lösungsstrategie wurde im Feld unterschiedlich beurteilt. Auf der einen Seite wurde die Einschaltung politischer Kreise und der Landtagsabgeordneten unabhängig
von Parteizugehörigkeit als einziger Weg angesehen, um gegenüber
der Ministerialbürokratie überhaupt einen Einfluß geltend machen
zu können. Andererseits war man sich bewußt, daß zu große
Publizität in der Öffentlichkeit u.U. zum Nachteil der in den
Landkreisen liegenden Häuser umschlagen könne. Klar war man sich
auch darüber: die Regierungsebene sei eigentlich am hilfreichs-
ten, habe aber am wenigsten zu entscheiden.

Wie sehr die Frage der Kostenunterdeckung schon im Jahr 1978
akut war, belegen die Gespräche mit Referenten in drei Landkreisen in der Oberpfalz. Danach zahlten alle Landreise Betriebskostenzuschüsse in unterschiedlicher Höhe für ihre Häuser.
Doch waren Zahlen für den hier interessierenden Zeitraum mit
Ausnahme des Landkreises Schwandorf unvollständig.

Der Landkreis Schwandorf ist aus einem anderen Grund von Interesse, als er ähnlich wie der ländliche Hochsauerlandkreis in
Nordrhein-Westfalen politische und institutionelle Konstellationen bei der Krankenhausversorgung und -planung aufweist, die
von historischer Kontinuität, althergebrachten Konflikten und
Interessengegensätzen und stark ausgeprägtem Lokalpatriotismus
zeugen (Landkreisverband Bayern, 1977), die weder durch Gebiets-
reformen überwunden, noch durch die vom Bund initiierte Innovation in der Krankenhausfinanzierung geschmälert wurden (29). Mit
der Schaffung des Großlandkreises Schwandorf aus ehemals 6 selb-
ständigen Landkreisen, die Träger eines oder mehrerer Häuser
waren, wurden diese Probleme keineswegs verdrängt, sondern sie
brachen bei der Krankenhausbedarfsplanung und der Durchführung
von Einzelmaßnahmen in den Jahren 1972 bis 1978 in den erweiterten Kreisgremien des Landkreises Schwandorf auf, auf die
lokale Politiker, ja selbst die Staatsregierung und die Planungsbehörde Rücksicht nehmen mußte.

Der Landkreis Schwandorf ist selbst Träger von 5 Kreiskrankenhäusern und 2 Sozialanstalten. Zusätzlich bestehen im Landkreis

noch eine orthopädische Fachklinik des Roten Kreuzes und ein freigemeinnütziges Krankenhaus in Schwandorf selbst. Schon im Jahr 1973 befaßte sich der Landkreis eingehend mit der Krankenhausversorgung im erweiterten Großlandkreis und verabschiedete einen Gesamtplan (30), der an die Adresse des StMAS gerichtet war. Von den insgesamt 5 Kreiskrankenhäusern waren ursprünglich 3 in die Ergänzungsversorgung aufgenommen worden. Zwischenzeitlich und nach der politischen Intervention von Ortspolitikern bei der bayerischen Landesregierung und dem StMAS wurde das Krankenhaus Nabburg vom Krankenhaus der Ergänzungsversorgung zum Krankenhaus der 1. Versorgungsstufe "hinaufgestuft". Bei den verbleibenden Krankenhäusern wurden Bettenreduktionen von zwischen 20 bis 70 Betten vorgenommen. Nach der Größenordnung befinden sich alle im heutigen Landkreis Schwandorf bestehenden Häuser in einer Grenzzone, in der eine wirtschaftliche Betriebsführung, wie sie durch die Praxis des KHG definiert wurde, kaum möglich ist, denn gewisse Kosten für ein Haus - wie für das Personal und Vorhaltung einer medizinisch-technischen Leistungsfähigkeit - bleiben als Fixkosten bestehen. Damals hatte der Landkreis Schwandorf noch mit weiteren Bettenminderungen zu rechnen als Folge der ursprünglich in den 60er Jahren mit 990 Betten geplanten Klinik an der Universität Regensburg. Wegen Finanzierungsmangels ist das Projekt "aufgeschoben". Derzeit läuft die Neuplanung auf der Basis von nur noch 400 Betten.

Der Landkreis Neustadt a.d.Waldnaab ist Träger von 3 Kreiskrankenhäusern mit zusammen 386 Betten im Jahr 1981. Davon sind 2 der 1. Versorgungsstufe zugeordnet Neustadt a.d.Waldnaab (mit 155 Betten), während Vohenstraußen seit der 3. Fortschreibung des KBP nach wie vor dem Ergänzungsbedarf zugerechnet ist. Zusätzlich besteht noch ein Krankenhaus des Regierungsbezirks Oberpfalz. Dieser Landkreis wird durch keine Konkurrenz von freigemeinnützigen Häusern noch durch eine entsprechend aufzubringende örtliche Beteiligung tangiert, da es diese im Landkreis nicht gibt. Ähnlich wie andere Landkreise mußte auch dieser Kreis Kostenunterdeckungen mit Zuschüssen ausgleichen.

6. Umsetzungsmechanismen im politisch-administrativen System Nordrhein-Westfalens

Nach dem KHG. bzw. dem KHG.NW. war das Land zur Finanzierung von Krankenhausinvestitionen und zur Krankenhausbedarfsplanung verpflichtet. Zur Programmverwirklichung regelte Nordrhein-Westfalen die finanzielle Beteiligung des Landes mit 80 % und die der Kommunen mit 20 % an den Krankenhausinvestitionen. Diese Umlage von 20 % wurde nach einem komplizierten Schlüssel (Einwohner und Finanzkraft) vom Innenministerium festgesetzt. Nordrhein-Westfalen war auch aufgefordert, Umsetzungsmechanismen und strategische Zielsetzungen und Planungsbedingungen zu entwickeln. Gleichzeitig mußte sich das Land Gedanken darüber machen, wie die im Zusammenhang mit der Krankenhausförderung und -planung anfallenden Aufgaben zu erledigen seien, durch welche Behörden und auf welcher Verwaltungsebene.

6.1. Aufgaben- und Machtkonzentration bei der Obersten Planungsbehörde

Oberste Planungsbehörde ist das MAGS, das für die Sicherstellung der Krankenhausversorgung zuständig ist. Im Vergleich zum StMAS im bayerischen Behördensystem fiel dem MAGS eine erheblich stärkere Rolle zu. Drei Ressourcen verliehen dem MAGS eine fast omnipotente Stellung gegenüber allen an der Krankenhausbedarfs-planung Beteiligten (Landesministerien, regionale Förder-, Feststellungs- und Planungsbehörden, Trägern, Gemeinden und Kreisen). Erstens in vorzeitiger Absprache mit dem dortigen Finanzministerium und der Staatskanzlei verfügte das MAGS über einen pauschalen Haushalt ohne stringente Zweckauflagen für die Einsetzung von Finanzmitteln bei der Bedarfsplanung. Zweitens beim MAGS konzentrierten sich alle notwendigen Planungsdaten, was ihm gegenüber allen an der Bedarfsplanung Interessierten nicht nur einen Informationsvorsprung gab, sondern auch ein nicht unerhebliches machtpolitisches Instrumentarium bescherte, das es zur Zeit der vollen Kassen ungehindert, und seit den wirtschaftlichen Schwierigkeiten noch immer gebremst einsetzen kann. Neben der Herausnahme der Zuständigkeit für finanzielle Angelegenheiten aus dem Finanzministerium erfolgte eine dritte Macht- und Entscheidungsbündelung bei dem MAGS durch die Übertragung der Zuständigkeiten für medizinisch-technische Aspekte

vom Innenministerium und für bautechnische Aspekte aus dem damaligen Bauministerium im Jahr 1971. Damit waren finanzielle,
medizinisch-technische und bautechnische Angelegenheiten beim
MAGS konzentriert, während dieselben Aufgaben in Bayern zwischen
2 und 4 Ministerien segmentiert waren.

Das MAGS konnte sich nur langsam und nach Bewältigung erheblicher Konflikte gegenüber einer anderen Machtbastion, die es
politisch und administrativ nicht kontrollierte, durchsetzen.
Größere Spannungen gab es mit dem Träger der Universitätskliniken, dem Land Nordrhein-Westfalen selbst, und dem damit befaßten
Ministerium für Wissenschaft und Technologie. Das MAGS war bemüht, die Grundversorgung aus den teuren Universitätskliniken
herauszunehmen und diese durch Krankenhäuser der Grundversorgung
erledigen zu lassen, was anfänglich auf erheblichen Widerstand
beim Wissenschaftsministerium und den betroffenen politischen
und professionellen Kreisen stieß. Konflikte gab es auch im
Zusammenhang mit den höheren Pflegesätzen in den Universitätskliniken (Industriebetriebsgesellschaft Ottobrunn, 1977) und
mit den unrealistischen planerischen Annahmen über die BN in
Universitätskliniken, wie das Beispiel Universitätskliniken
in Düsseldorf zeigen wird. In Nordrhein-Westfalen bestehen 6
medizinische Hochschulen und insgesamt 59 Lehrkrankenhäuser,
die über einen Nutzungsvertrag mit dem Land Nordrhein-Westfalen
an der medizinischen Ausbildung und der tertiären Krankenhausversorgung beteiligt sind (Mibla.KGNW, 1978, 4-5). Im Versorgungsgebiet 1 sind 5 Krankenhäuser mit der Universität Düsseldorf verbunden, darunter auch die städtischen Anstalten der
Landeshauptstadt Düsseldorf.

6.2.   Zielplanbesprechungen: Panem et Circenses

Zielplanbesprechungen in allen 16 Versorgungsgebieten, in die
das Land für krankenhausplanerische Zwecke eingeteilt ist, war
der gewählte Umsetzungsmechanismus. Eine dezentrale Lösung und
die Entscheidung zugunsten eines relativ großen Kreises von
Teilnehmern statt einer begrenzten Zahl schien dem dortigen
politisch-sozialen Milieu, den Verwaltungserfahrungen sowie den
heterogenen Trägerinteressen zu entsprechen. So variierte die
Teilnehmerzahl an den Zielplanbesprechungen in den Versorgungsgebieten 1, 15 und 16 von über 60 bis zu 75 (31). Diese Methode
berücksichtigte auch die regionalen und geographisch bedingten
Interessengegensätze zwischen dem Landesteil Rheinland und dem
Landesteil Westfalen-Lippe. Wer waren konkret die Beteiligten?

Welche Möglichkeiten der Einflußnahme auf die Krankenhausbedarfsplanung hatten sie? Welche Spielregeln und Verhaltensweisen
charakterisierten ihre Teilnahme? Diese und ähnliche Fragen
sollen im nachfolgenden Teil beantwortet werden.

Ähnlich wie in Bayern fällt sofort auf, wie Innovation durch
historische Kontinuität geprägt und mitgestaltet wurde. Denn
Zielplanbesprechungen vor Ort wurden schon 1960 von der Krankenhauskommission eingeführt (Der Innenminister des Landes Nordrhein-Westfalen, 1969). Im Jahr 1973 wurden in allen 16 Versorgungsgebieten Zielplanbesprechungen nach ähnlichem Muster wie
in den späteren Jahren durchgeführt. Der vorläufige KBP von
1975 war das Ergebnis. Daß der Plan nur vorläufig war, erklärt
sich damit, daß erhebliche Bedenken hinsichtlich der bei der
Krankenhausbedarfsplanung angenommenen Bevölkerungsprognosen
für 1980 bestanden (VO vom 3. März 1974). Noch im Jahr 1969 war
der Kommissionsbericht von rund 17,6 Mio Einwohnern für 1980
ausgegangen. Der KBP von 1971 nahm sogar ein Ansteigen der
Bevölkerung auf 18,1 Mio Einwohner an. Noch bei den Zielplanbesprechungen im Jahr 1973 wurde von einer Einwohnerzahl von
17,9 Mio ausgegangen. Die Bevölkerungsprognosen für 1985 wurden
bei den Vorbereitungen zur Aufstellung des endgültigen KBP dann
auf unter 17 Mio, drei Jahre später auf geringfügig über 17 Mio
angesetzt. Dieses Beispiel zeigt sehr deutlich die Veränderbar-
keit einer wichtigen Einflußgröße bei der Krankenhausbedarfsplanung.

Der vorläufige KBP mußte durch einen endgültigen KBP abgelöst
werden. Vorbereitungen zur nächsten Runde von Zielplanbesprechungen für die allgemeine Krankenhausversorgung und für den
Bereich der Sonderkrankenhäuser in allen 16 Regionen wurden
schon 1976 getroffen. Die eigentlichen Zielplanbesprechungen
wurden dann in der Zeit von März 1977 bis September 1978 mit
erheblichem politischem, finanziellem und administrativem Aufwand durchgeführt. Der endgültige KBP wurde 1979 veröffentlicht.

Teilnehmer waren neben den zuständigen Landesministerien die
als wesentlich Beteiligte anerkannten Gruppen. Dazu gehörten:

- die Krankenhausgesellschaft Nordrhein-Westfalen

- die Landesverbände der Orts- und der Innungskrankenkassen
  Nordrhein und Westfalen-Lippe

- der Landesverband der Betriebskrankenkassen

- die Ruhrknappschaft

- die Arbeitsgemeinschaft der Spitzenverbände der Freien
  Wohlfahrtspflege

- die Caritas-Verbände

- die Landesverbände der Inneren Mission

- der Landesverband des Deutschen Paritätischen Wohlfahrts-
  verbandes

- der Städtetag Nordrhein-Westfalen

- der Landkreistag Nordrhein-Westfalen

- der Nordrhein-Westfälische Städte- und Gemeindebund

- der Landschaftsverband Westfalen-Lippe

- der Verband der privaten Versicherungen
  Landesausschuß Nordrhein-Westfalen

- die Ärztekammern Nordrhein und Westfalen-Lippe.

Zu den beteiligten Behörden gehören neben dem MAGS als oberster
Planungsbehörde die Regierungspräsidenten, die Oberstadtdirek-
toren und Oberkreisdirektoren sowie der Finanzminister, der
Innenminister, der Minister für Wissenschaft und Forschung, der
Minister für Wirtschaft, Mittelstand und Verkehr, der bis 1981
Oberste Landesbehörde für den Vollzug der BPflV war. Nach der
Landtagswahl verlor die FDP das Ministerium. Die Zuständigkeit
zur Regelung der Pflegesätze ging auf das MAGS über.

Nachrichtlich beteiligt waren:

- das Katholische Büro bei der Landesregierung NW

- das Evangelische Büro

- die Kassenärztliche Vereinigung Nordrhein und Westfalen-
  Lippe

- der Verband der Privatkrankenanstalten.

Informatorisch nahmen auch die Landtagsabgeordneten, die ihren
Wahlkreis und/oder ihren Wohnsitz in den entsprechenden Versorgungsgebieten hatten, teil. Das MAGS hielt sich genau an diese
Liste und wies die Teilnahme von Vertretern einzelner Träger
oder des Vorsitzenden des Krankenhausbeirats ab.

6.3.   Strategische Ansätze und Dissens

Ungeachtet eines Konsensus über hergebrachte strategische Ansätze der Krankenhausbedarfsplanung ergab sich wie zur Zeit der
Vorbereitung des vorläufigen KBP im Jahr 1975 ein grundsätzlicher Dissens zwischen dem MAGS einerseits und der Krankenhausgesellschaft NW und den Spitzenverbänden der öffentlichen und
freien Wohlfahrt andererseits. Bis zur Verabschiedung und Veröffentlichung des neuen KBP im Dezember 1979 und trotz zahlreicher Beratungen auf oberster politischer Ebene konnte diese
Kritik nicht zur Zufriedenstellung aller politischen Gruppen
und des MAGS bereinigt werden. Im wesentlichen bezog sie sich
auf zwei Punkte der Grundsätze der Krankenhausbedarfsplanung:

1. die Anwendung von Landesdurchschnittswerten für KH
   und VW, wenn die entsprechenden Werte innerhalb eines
   Versorgungsgebietes wesentlich von den Landesdurch-
   schnitten abweichen;

2. die unterschiedliche Einschätzung der Bevölkerungs-
   vorausschätzung.

Das MAGS lehnte sich bei seinen Berechnungen an die von der
Staatskanzlei mitgeteilte 5.koordinierte Bevölkerungsvoraus-
schätzung an. Kreisfreie Städte und Kreise gingen in der
Regel von regionalen und auch günstigeren Vorausschätzungen
aus (Anm. 31).

6.4.   Ablauf der Zielplanbesprechungen

Die Zielplanbesprechungen verliefen alle nach dem gleichen Schema und Ritual sowie der gleichen Tagesordnung. Nach der Eröff-
nung durch jeweils den ranghöchsten Vertreter des MAGS begrüßte
der Stadtdirektor der gastgebenden Stadt oder der Oberkreis-
direktor des gastgebenden Landkreises die Teilnehmer. Sodann
wurden Ziel und Zweck der Zielplanbesprechungen vom Vertreter

des Ministeriums unter Hinweis auf den vorläufigen KBP von 1975, der lediglich die Mindestvoraussetzungen des KHG geschaffen habe, klargestellt. Mit dem neuaufzustellenden KBP sollte der weitergehenden Forderung des KHG.NW. entsprochen werden.

Entscheidungsfindung war nicht das Ziel der Zielplanbesprechungen. Diese sollten lediglich Grundlagen für endgültige Entscheidungen zu einem späteren Zeitpunkt sein, welche Krankenhäuser mit welchen Fachrichtungen und in welcher Größenordnung als bedarfsgerecht angesehen und entsprechend in den KBP aufgenommen werden sollten. Soweit Änderungen in der Bettenzahl oder in Fachrichtungen bei Einzelobjekten notwendig wurden, sollten neue Besprechungen mit dem Träger und dem Regierungspräsidium unter Einschaltung des Gesundheitsamtes stattfinden. Ausdrücklich wurde jedes Mal betont, daß nach Durchführung aller Zielplanbesprechungen der Entwurf des KBP, d.h. auch der Einzelobjekte, mit den Beteiligten noch einmal erörtert werden würde. Dies erforderte zusätzliche Gesprächsrunden auf mehreren Diskussionsebenen. Endgültige Lösungen und Entscheidungen würden nur durch das MAGS nach Abschluß der Zielplanbesprechungen erfolgen. Grundsatzbesprechungen über Einzelobjekte wurden für die Dauer der Zielplanbesprechungen ausgesetzt.

Es wurde auf die Verpflichtung der Länder hingewiesen, KBPe aufstellen zu müssen. Gleichzeitig sicherte sich das Land in mehrfacher Hinsicht ab. Das Land sei nicht in der Lage, die durch Umstrukturierungs- und Auslaufverpflichtungen sich ergebenden finanziellen Folgekosten, soweit diese über die im KHG vorgesehenen Ausgleichsleistungen hinausgehen, übernehmen zu können. Diesbezügliche Regelungen könnten nur durch eine Novellierung des KHG erwartet werden, die dann im Dezember 1981, bzw. im Dezember 1984 verabschiedet wurde.

Zielplanbesprechungen waren nicht die einzigen Bühnen, auf denen krankenhausplanerische Spiele aufgeführt und Diskussionen über ein bedarfsgerecht gegliedertes System der Krankenhausversorgung geführt wurden, noch waren die vorgetragenen Vorstellungen für die örtlich Betroffenen gar neu. Im Vorstadium der Zielplanbesprechungen hatten mehrere öffentliche und nicht öffentliche Besprechungen in zahlreichen Gremien stattgefunden wie in den Krankenhausbeiräten und den Gesundheits- und Sozialausschüssen der Stadtparlamente bzw. der Landkreistage. Besprechungen fanden auch statt zwischen den Trägern und ihrem Spitzenverband. Diese Besprechungen trugen alle dazu bei, daß konsensfähige Beschlüsse bei den Zielplanbesprechungen politisch geschlossen nach außen

vertreten werden konnten. Insofern zwangen die anberaumten Zielplanbesprechungen die heterogenen Interessengruppen in den einzelnen Versorgungsgebieten, sich zu einer Gesamtschau der Krankenhausversorgung im Planungsgebiet durchzuringen. Es versteht
sich von selbst, daß es dabei Verlierer und Gewinner gab.

Krankenhausbeiräte, die durch Landesgesetz geschaffen worden
waren und im Krankenhausbereich gegenüber einzelnen Häusern
Beraterfunktion ausüben sollten, konnten diese Aufgabe nur bedingt wahrnehmen. Obwohl die Beiräte zu den Zielplanbesprechungen nicht zugelassen waren, waren die einflußreichen Mitglieder im jeweiligen Stadtrat oder Kreistag und den Beiräten
meist personenidentisch und traten als Sprecher und gewissermaßen als Beschützer der Träger unabhängig von Trägerschaft und
Parteizugehörigkeit auf.

Meinungsverschiedenheiten, die grundsätzlich zwischen dem MAGS
und den Kassen einerseits und der Krankenhausgesellschaft und
den Spitzenverbänden der öffentlichen und freien Wohlfahrtsver-
bände andererseits bezüglich der angewandten Bevölkerungsprognosen bestanden, wurden regelmäßig in Anwendung auf bestimmte
Versorgungsgebiete und vorgeschlagene Pläne vorgetragen. Der
Sprecher der KG.NW. stützte sich auf die von den Bezirkspla-
nungsräten zugrundegelegten Prognosen der kommunalen statistischen Ämter und nicht der aggregierten Landesdaten. Dieser
Kritik schlossen sich auch andere Sprecher, besonders die der
Städte und Landkreise an. Von der Sache her sind diese Einwände
einleuchtend. Doch das MAGS bestand aus methodischen Gründen für
alle 16 Versorgungsgebieten auf den Bevölkerungsdaten von 1985.

Schon einmal hatte das Festhalten der Planer an Prognosedaten
aus methodischen Gründen den Prozeß der Krankenhausplanung beeinflußt. Regionale Abweichungen und Besonderheiten wurden 1973
aus systematischen Gründen zugunsten der Abstraktion Krankenhausplanung für das Land Nordrhein-Westfalen aus zentraler Sicht
aufgegeben. Das MAGS verteidigte auch dieses Mal seine Bevölkerungsprognosen und das angewandte Trendberechnungsverfahren auf
den Zielplanbesprechungen von 1977 und 1978, bei den parlamentarischen Verhandlungen bis hin zur endgültigen Fassung des KBP.
Darin heißt es: "Da Alternativen nicht oder nicht überzeugend
vorgetragen wurden, verblieb es bei flexibler Handhabung der
Grundsätze" (MAGS, 1979, 2566). Selbstverständlich befand das
MAGS darüber, was flexibel war und wann flexibel gehandelt werden sollte. Daß das MAGS mit seinen Bevölkerungsdaten für 1985
wieder nicht richtig lag, ist mittlerweile bestätigt.

Als Planungshorizont wurde 1985 gesetzt. Ein kürzerer Planungs-
zeitraum sei wegen der ohnehin nur langfristig zu realisierenden
Strukturveränderungen nicht sinnvoll. Ein noch längerer Pla-
nungszeitraum würde durch das Risiko mangelnder Überschaubarkeit
belastet werden. Die häufig von Teilnehmern geforderte Zwischen-
bilanzierung in der Mitte des Planungszeitraumes wurde zunächst
vom MAGS kategorisch abgelehnt. Doch bis zur endgültigen Fassung
mußte sich das MAGS unter politischem Druck zu einer jährlichen
Überprüfung und Fortschreibung der Prognosedaten für 1985 verpflichten.

Zur Bedarfsermittlung in Vorbereitung auf die Zielplanbesprechungen waren zahlreiche Erhebungen angestellt worden über

- den Bestand an Krankenhäusern und Betten in den Versorgungsgebieten, gegliedert nach Fachabteilungen und dargestellt als
  hauptamtlich betriebene Betten sowie Betten in Beleg-
  abteilungen und nicht bettenführenden Disziplinen

- den Bauzustand der einzelnen Krankenhäuser

- die jahresdurchschnittliche VD und BN in den einzelnen
  Krankenhäusern und die ihrer Fachabteilungen in den
  Versorgungsgebieten und im Landesdurchschnitt

- die Zahl der behandelten Patienten in der gleichen
  Differenzierung

- die Entwicklung der Wohnbevölkerung

- die KH unter Berücksichtigung der regionalen Besonderheiten,
  insbesondere der sozio-demographischen Einflußfaktoren und
  der Patientenwanderungsbewegungen

- die Zahl der Entbindungen in Anstalten

- die Zahl der stationär behandelten Straßenverkehrsunfall-
  verletzten

- den Anteil der 65 Jahre und älteren Personen in der Wohnbevölkerung.

Darüber hinaus waren Erhebungen angestellt worden über die Zahl
der niedergelassenen Ärzte, die Zahl der Plätze in Altenheimen
und in sonstigen krankenhausentlastenden Einrichtungen. Die

Arztdichte in den 16 Versorgungsgebieten im Jahr 1975 und die
deutlichen Unterschiede in der ärztlichen Versorgung zwischen
städtischen und ländlichen Versorgungsgebieten ist deutlich aus
der Tabelle ersichtlich.

Arztdichte (Ärzte auf 10.000 Einwohner) am 31.12.1975

Versorgungs- gebiet	Ärzte insgesamt	Ärzte in freier Praxis ohne Tätigkeit im Kranken- haus	Ärzte in freier Praxis mit Tätigkeit im Kranken- haus	Haupt- amtl. Ärzte in Kranken- häusern
1	22,6	9,7	0,5	10,3
2	19,2	7,3	0,5	10,5
3	14,5	5,6	0,9	6,8
4	15,8	7,4	0,6	6,9
5	21,1	9,7	0,6	9,3
6	25,8	9,3	0,8	12,2
7	18,2	7,1	0,5	8,9
8	12,8	4,7	1,2	6,0
9	19,2	6,0	1,8	9,0
10	16,6	7,3	0,9	7,4
11	16,0	5,8	1,2	7,8
12	15,5	6,0	1,0	7,2
13	17,8	7,7	0,6	8,2
14	14,6	6,8	0,8	6,1
15	14,1	5,9	1,2	6,0
16	13,9	5,8	6,8	6,7
Land NW	18,02	7,41	0,81	8,38

Quelle: Der Minster für Arbeit, Gesundheit und Soziales des
         Landes Nordrhein-Westfalen - V B 3 - 0500.42, An-
         lage 5 (2) (neu).

Diese Unterlagen stellten lediglich nur einen Satz von Planungsunterlagen dar. Sie wurden an alle wesentlich Beteiligten versandt. In der Regel standen sie jedoch sehr spät zur Verfügung.
Andererseits konnten sich die Betroffenen weder in den Träger-
einrichtungen noch in den Stadt- und Kreisverwaltungen, weder
bei der örtlichen oder überörtlichen Verwaltung, noch bei den
Spitzenverbänden und den Krankenhausbeiräten, aus einsichtigen

Gründen nicht der einseitigen Strukturierung der Bedarfsdiskussion durch das MAGS gnadenlos aussetzen. Daher wurden zahlreiche Erhebungen und bedarfsanalytische Berechnungen für den internen Hausgebrauch und für die Gespräche vor Ort je nach vorhandenen Ressourcen angestellt.

Je nach Objekt, Funktion und Lage eines Hauses, dem eventuell notwendigen Bettenabbau, der vorgeschlagenen Umwandlung eines Hauses in eine andere Zweckbestimmung oder etwa der Nutzung von Betten in einer anderen Disziplin kam es zu Konflikten. Ob die Aufnahme eines Hauses bedingungslos vorgeschlagen, die Aufnahme befristet oder gar verweigert wurde, bestimmten das Klima und die Zahl der Redner und den Inhalt ihrer Erwiderungen. Auffällig war die häufigere Unterstützung des MAGS durch den Sprecher des entsprechenden Landesverbandes der Ortskrankenkassen in Nordrhein oder Westfalen-Lippe und die fast kontinuierliche Opposition des Sprechers der Krankenhausgesellschaft, der immer wieder prinzipielle Meinungsverschiedenheiten über die Prognose der KH der Bevölkerungsentwicklung bis 1985 an den Anfang seiner Entgegnungen stellte und die Ergebnisse eigener Erhebungen vortrug, die mit dem entsprechenden Träger abgestimmt waren.

Bei der Einzelobjektbesprechung im fünften Punkt der Tagesordnung hatte sich ein Routineablauf in der Vertretung derjenigen, deren Krankenhausversorgung qualitativ und quantitativ von den bestehenden Krankenhauskapazitäten abhängen, eingespielt. Nach dem Vortrag durch den Sprecher des MAGS übernahm entweder der Vertreter der gastgebenden Stadt oder des Landkreises die Führungsrolle einer mehrköpfigen Delegation beim Vortrag ihrer Vorstellungen über die Krankenhausversorgung in ihrem Bereich. In manchen Fällen sprach der Amtsarzt in Vertretung für die Stadt oder den Kreis. Nach diesen Stellungnahmen meldete sich jeweils der Vertreter des Regierungspräsidiums zu Wort. Gewöhnlich sprachen die Vertreter der Kassen, der Spitzenverbände der betroffenen Krankenhäuser oder andere Betroffene. Gelegentlich sprach der Vertreter der Ärztekammer oder der Kassenärztlichen Vereinigung (KV). Obwohl in der Regel die Leiter der Bezirksstellen anwesend waren, beachteten sie die Hierarchie ihrer eigenen professionellen Organisationsstruktur und ließen dem Vertreter der Kammer oder der Kassenärztlichen Vereinigung den Vortritt.

Nach Abschluß der Zielplanbesprechungen waren in der Regel die Regierungspräsidien damit beauftragt, die Träger auf die angekündigte Linie hin zu verpflichten, was zum Teil mit und zum

Teil ohne Einschaltung des Gesundheitsamtes geschah. Bei einer
'verordneten' Kooperation zweier Träger hing die Kooperationsbereitschaft nicht nur von den durchkalkulierten finanziellen
und personellen Auswirkungen einer solchen Kooperation ab, sondern auch davon, welche besondere Vorgeschichte die Stadt oder
der Landkreis hatte, und welche Beziehungen unter den Trägern
in der Vergangenheit bestanden. Konkurrenzdenken unter den Trägern und der Ärzteschaft, den in der Vergangenheit bestehenden
Besitzstand zu wahren, und auch unter den Kommunen bzw. Kreisen
wirkte sich auf eine mögliche Kooperationsbereitschaft aus.

Ähnlich wie in Bayern waren von diesem Phänomen besonders die
Kreise und Kommunen betroffen, die als Folge der Kommunal- und
Gebietsreform von einem ehemals autonomen Landkreis zu einem
integralen Bestandteil eines neuen Großlandkreises wurden und
damit ihre vormals bestehende Autonomie verloren. Häufig waren
jedoch die in der Vergangenheit im Landkreis in der Krankenhausversorgung gemachten Anstrengungen zum Neu- und Umbau von
Häusern der Stolz des Landkreises. Entsprechend übertrug sich
die vor dem Zusammenschluß bestehende Konkurrenz unter den
Kreisen und den Häusern auf die neuen politischen Gremien im
erweiterten Landkreis. Dadurch wurden die Landtagsabgeordneten
und die Kommunalpolitiker gezwungen, darauf Rücksicht zu nehmen.
Diese Konstellation herrschte in dem durch die Gebietsreform
geschaffenen Hochsauerlandkreis vor, der aus den drei früher
autonomen Kreisen Arnsberg, Meschede und Brilon gebildet
wurde (32).

Abschließend soll nochmals die Frage nach Zweck und Aufgaben der
Zielplanbesprechungen kommentiert werden. Für eine rationale
Verwaltung ist es zweckmäßiger, regionale Zielplanbesprechungen
durchzuführen, statt separat mit allen Trägern der über 600
Krankenhäusern in Nordrhein-Westfalen zu verhandeln. So über-
zeugend dieses Argument auch ist, es entbehrt einer gewissen
Glaubhaftigkeit, da den Zielplanbesprechungen in zahlreichen
Fällen Grundsatzbesprechungen mit den Trägern und den Vertre-
tern von regionalen Behörden vorausgingen.

In der Form unterscheidet sich die Anhörung und Mitwirkung der
wesentlich Beteiligten in Nordrhein-Westfalen deutlich von der
in Bayern geübten Praxis. Ob deswegen die Anhörung der direkt
und/oder indirekt Betroffenen qualitativ anders ist als dort,
bleibt fraglich. Träger können in beiden Bundesländern ihre
Interessen nicht direkt vortragen, sondern müssen sich über ihre
Verbandsvertreter repräsentieren lassen. Unabhängig von ihrer

Position hatten eigentlich alle Teilnehmer keinen nennenswerten
Einfluß auf Planungsentscheidungen.

Obwohl die Zielplanbesprechungen keinen besonderen planerischen
Beitrag zur Krankenhausbedarfsplanung leisteten und auch noch
äußerst zeit-, arbeits- und kostenaufwendig waren, so verfolgten
sie im wesentlichen politische Ziele. Sie boten auch Gelegenheit
zu beeindruckenden politischen Shows, auf denen die staatliche
Verwaltung und das MAGS Bürgernähe praktizieren konnten. Wenn
das MAGS und Vertreter anderer Landesministerien ihre Schreib-
tischsessel verließen und sich auf den Weg "in die Provinz"
machten, bemüht um Kontakte mit den lokalen und regionalen politischen Kräften und den dort bestehenden Versorgungseinrichtungen, ist dies politisch schon eindrucksvoll und in der Außen-
wirkung keineswegs zu unterschätzen. Zielplanbesprechungen
dienten im wesentlichen diesen politischen Funktionen:

- Konfliktreduzierung, denn wer teilnimmt und öffentlich
  zustimmt, kann später kaum massiv Kritik üben

- Vorweglegitimation von Planungsentscheidungen durch das MAGS,
  die nach Abschluß der Zielplanbesprechungen getroffen werden
  würden

- Annahme der von langer Hand vorbereiteten Planungsentscheidungen, die der Öffentlichkeit jedoch als Planungsvorschläge
  vorgestellt wurden

- freiwilliger Verzicht der Häuser auf Betten, der im Vorfeld
  der Zielplanbesprechungen vorprogrammiert war und durch die
  Zielplanbesprechungen sanktioniert wurde

- Abgabe von politischen Warnsignalen, daß mit späterem
  politischen Widerstand zu rechnen sein würde

- öffentlicher Vortrag und Begründung von Strukturierungs-
  und Umwandlungsplänen von Einzelobjekten und der Gesamtplanung in einem Versorgungsgebiet.

Zu den wesentlichen politischen Ereignissen nach Abschluß der
16 Zielplanbesprechungen neben der endgültigen Ausarbeitung des
KBP durch das MAGS gehörten:

- Widerstand der politischen Opposition in Nordrhein-Westfalen,
  dem sich auch die mit der SPD koalierende FDP anschloß, gegen

die Pläne des MAGS, besonders im Zusammenhang mit der
Schließung von 74 Krankenhäusern

- Verwaltungsprozesse im Zusammenhang mit der Krankenhausbedarfsplanung (Splett, 1980; Steiner, 1979, 872)

- Mobilisierung des Landtagsausschusses durch örtliche Parteipolitiker zur Intervention gegen geplante Schließungen

- generelle Einsicht aller Parteipolitiker, daß Betten abgebaut
werden sollen, doch möglichst im Wahlkreis der anderen
Kollegen

- Verzicht politischer Interessengruppen und Verbände, einen
Gegenkrankenhausbedarfsplan aufzustellen.

Weiterführende Forderungen wurden aufgestellt, die sich vorwiegend auf die Versorgungsstrukturen der Krankenhäuser, also
in der Mikro-Implementation, auswirken würden:

- Forderungen nach der Aufgabe der rein formalen 100-Betten-
Grenze

- Aufgabe der ursprünglichen Zahl von 20,000 abzubauenden
Betten auf nur 10,000 durch das MAGS

- Umstrukturierung aufzulösender Krankenhausabteilungen in neue
Abteilungen (d.h. Umstrukturierung von Abteilungen der
Geburtshilfe, der Kinderheilkunde und der Inneren Medizin zu
neuen Abteilungen für Psychiatrie, Suchtkranke, Alltagskrank-
heiten und der Kinder- und Neurochirurgie)

- Beibehaltung von Belegbetten in reduzierter Zahl entgegen den
ursprünglichen Plänen, diese ganz abzuschaffen (KU, 1978,
570; KU 1979, 324; Bruckenberger, 1978b).

Die Ministerialbürokratie mußte umlernen, aber auch die Träger
und die Bürger mußten ihre Erwartungen etwas zurückstecken. Die
neu aufgenommenen Passagen in der letzten Fortschreibung des
KBP sind Ausdruck der Interdependenz von Planung und dynamischem
politischen Umfeld. Darin heißt es:

> Die Zielvorstellungen der Krankenhausbedarfsplanung sind
> darauf abgestellt, die Qualität des Leistungsangebots
> nicht nur zu erhalten, sondern durch geeignete Maßnahmen,

insbesondere durch Kooperation der Krankenhäuser zu ver-
bessern. Eine Verbesserung der Versorgungsqualität und der
Wirtschaftlichkeit im Krankenhaussystem einer strukturell
zusammenhängenden Region ist ohne Anpassung an die Besonderheiten der Regionalstrukturen nicht realisierbar. Eine
regionalisierte Bedarfsplanung eröffnet die Möglichkeit,
Besonderheiten der Bevölkerungsstruktur, der medizinischen
Gesamtversorgung und der überörtlichen Verflechtung einge-
hender zu berücksichtigen und Strukturschwächen der regionalen Krankenhausversorgung durch Spezialisierung und Ar-
beitsteilung unter Anlegung regionsübergreifender Maßstäbe
und Anhebung des Versorgungsniveaus auszugleichen. Hierbei
kann es in ländlichen, dünnbesiedelten Räumen nicht immer
gelingen, diese Verbesserung des Leistungsniveaus mit der
geforderten wohnortsnahen Versorgung in Einklang zu
bringen, weil leistungsfähige Krankenhäuser mit dem entsprechenden Einzugsbereich nicht in beliebiger Zahl errichtet und betrieben werden können. Zudem ist eine fachge-
rechte Behandlung vorrangiger als das verständliche Be-
streben, möglichst nahe am Heimatort zu bleiben (MAGS,
1980, 15-16).

6.5. Organisatorische Verankerung von Aufgaben und Verantwortung

Die "Richtlinien über das Verfahren zur Förderung von Baumaßnahmen kommunaler und freigemeinnütziger Krankenhäuser sowie
gleichgestellter Einrichtungen bis zur endgültigen Festlegung
der Landesförderung - ohne Landschaftsverbände" (33) legten
Aufgaben, Zuständigkeiten und Verantwortungen der Landesministerien, der Regionalbehörden und der Träger sowie anderer Verwaltungen verbindlich fest, die diese bei der Vorlage eines Pla-
nungsvorschlages, eines Antrags-, Bewilligungs- und Auszahlungs-
verfahrens und bei der Vorlage von Verwendungsnachweisen zu beachten hatten. Dieser Erlaß erging im Einvernehmen mit dem
Finanzminister und - soweit erforderlich - mit dem Landesrech-
nungshof und löste den Runderlaß vom 10.12. 1969 ab. Trotz in-
haltlicher Änderungen knüpfte der neue Erlaß an die vorausge-
gangene Praxis an. Auch im Falle Nordrhein-Westfalens blieb
Kontinuität der Verwaltungspraxis weitgehend bewahrt. Soweit
Veränderungen in der Aufgabenverteilung auf Dezernate im Regierungspräsidium notwendig waren, waren diese schon 1969 vorgenommen worden (Der Innenminister, 1969, 14).

Nach dem Erlaß waren die Regierungspräsidien für die Vorbereitung der Zielplan- und Grundsatzbesprechungen, das Antragsverfahren, die Bewilligung der Landesmittel, für die Überwachung
des Baues und die Prüfung des Verwendungsnachweises unter Einschaltung der örtlichen Baubehörde verantwortlich.

Alle Anträge auf Landesförderung wurden vor der endgültigen
Entscheidung durch das MAGS von der Krankenhauskommission des
Landes Nordrhein-Westfalen, einem innerbehördlichen Beratungsgremium, das sich aus den zuständigen Sachreferenten des MAGS
zusammensetzte, geprüft. Zweck der gemeinsamen Prüfung war die
Anwendung medizinischer, technischer und wirtschaftlicher Maßstäbe einheitlich in allen Landesteilen.

Bei der Umsetzung dieser Verordnung verwischten sich Verantwor-
tungsgrenzen und Aufgabenbereiche nicht nur im Verhältnis des
MAGS zu den Regierungspräsidien und umgekehrt, sondern auch im
inneradministrativen Bezugssystem der Plan-, Förder- und Fest-
stellungsbehörden. Doch drei Faktoren blieben bei diesem verwal-
tungsinternen Prozeß konstant. Die im KHG formulierten Förderarten bleiben für den inneren Programmablauf und für die Vorbereitungen durch den Träger bestimmend. Konstant bleibt auch für
den antragstellenden Träger das Regierungspräsidium als Anlaufstelle. Schließlich bleibt konstant, daß letzlich die wesentlichen Entscheidungen alle vom MAGS getroffen oder inhaltlich
bestimmt werden, selbst die, für die ihm eigentlich formal keine
Zuständigkeit zusteht.

Das MAGS legte sich auf die seit Jahren angewandten Grundsätze
der Krankenhausbedarfsplanung fest und bediente sich bei der
Durchführung der Förderung und Planung großzügig des Instruments
der allgemeinen und besonderen Erlasse, die anfänglich bindende
Wirkung für alle Träger und die untergeordneten Behördenstellen
beim Programmvollzug hatten. Zunehmend wurden diese Erlasse vor
Gericht angefochten (Maunz, 1976). Ob das MAGS häufiger vor
Verwaltungsgerichten stand als Ministerien in anderen Bundesländern und wie häufig es einem Vergleich im vorgerichtlichen
Stadium durch Zahlung von Steuermitteln zustimmte, ist eine be-
rechtigte, aber unbeantwortete Frage. Das Rollen- und Aufgaben-
spektrum der regionalen Förder-, Feststellungs- und Planungsbehörden in den Regierungspräsidien reicht vom simplen Empfänger
von Anträgen und Formularen bis hin zum Übermittler der umfangreichen und in vielfacher Ausfertigung geforderten Plan- und
Kostenunterlagen. Die regionalen Behörden sollen überwachen und
kontrollieren, beachten und begutachten, vollziehen und mit dem

entscheidungsberechtigten MAGS rückkoppeln. Theoretisch können
diese gutachtlichen Stellungnahmen eine wesentliche Grundlage
für ministerielle Entscheidungen sein. Doch angesichts des
strategischen Gewichts des MAGS bei der Krankenhausfinanzierung
und -planung bleiben sie häufig nur reine Routinearbeiten und
fast ohne Bedeutung für die endgültigen Entscheidungen.

Zur Vorbereitung eines Antrags im Vorstadium der Antragstellung
setzen die Richtlinien voraus, daß funktionierende Verwaltungs-
apparate und Personalkräfte vorhanden sind, und daß andere Behördenstellen bereit sind, die gewünschten Stellungnahmen, Pläne
und Unterlagen ohne Verzug zur Verfügung zu stellen. Für den
Träger fallen unter den besten Voraussetzungen ein Minimum von
etwa 10 Kontakten mit Verwaltungsstellen unabhängig von dem MAGS
an. Diese beginnen mit der gesetzlich und verordnungsmäßig vorgeschriebenen Rückkoppelung mit dem entsprechenden Spitzenverband und dem Gang zum Gesundheitsamt, das formal wie in Bayern
in das Verfahren zur Erstellung eines umfassenden medizinalaufsichtlichen Berichts eingeschaltet ist. Darüber hinaus wird der
Träger verpflichtet, mit den übrigen Behörden vor Ort einen
Planungsvorschlag unter Berücksichtigung der regionalen Zielplanung auszuarbeiten und zu einer konsensfähigen Entscheidung
zu bringen. Es werden Stellungnahmen vom Gewerbeaufsichtsamt
über die Eignung des Grundstücks, der Gemeinde zum Ausbau und
den evtl. entstehenden Kosten der Straßen, Kanalisation und der
Energieversorgung sowie eine Stellungnahme des Wasserwirt-
schaftsamtes zum Ausbau der Wasserversorgung benötigt.

Obwohl die nordrhein-westfälische Geschichte und die Verwal-
tungstradition sich von der in Bayern deutlich unterscheiden,
bestehen auf der Ebene der Regionalbehörden erstaunliche Ähn-
lichkeiten in der Verteilung der Verwaltungsaufgaben und im
Behördenaufbau. Wie in Bayern sind vier Dezernate mit dem
Förder-, Feststellungs- und Planungsverfahren und der Festsetzung der Pflegesätze befaßt:

Dezernat 24 - Gesundheit

Dezernat 34 - Staatshochbau

Dezernat 36 - Bauförderung und Wohnungsangelegenheiten

Dezernat 52 - Festsetzung der Pflegesätze (34).

Medizinisch-stationäre und krankenhausplanerische Fragen und

medizinisch-apparative Aspekte werden vom Dezernat 24 begutachtet, das primär in der Vorbereitungsphase der Einzelobjektplanung, der regionalen Zielplanung und dem Antragsverfahren für
alle Förderarten eingeschaltet ist. Danach bleibt es zwar noch
beteiligt, doch liegt die Verantwortung für die Bewilligung und
die Überprüfung der Verwendungsnachweise beim Dezernat 36, das
auch die gutachtliche Stellungnahme des Dezernats 34 koordi-
niert. Dezernat 36 dient als wesentliches Bindeglied zwischen
dem Regierungspräsidium und dem MAGS und zwischen letzterem und
den Krankenhausträgern. Dezernat 52 ist bei diesen Aufgaben
nicht eingeschaltet.

6.6.   Information

Wie der Programmvollzug ist auch das Sammeln und die Übermitt-
lung von Planungsunterlagen und Informationen organisatorisch
getrennt. Beispielsweise sammelt das Dezernat 24 die von den
Krankenhäusern jährlich zu erstellenden Krankenhausstatistiken,
die an das Landesamt für Datenverararbeitung weitergeleitet
werden müssen und wenig Bezug zum Planungsvorgang haben sollen.
Hingegen werden Finanzdaten im Dezernat 36 vierteljährlich zur
Mittelbewirtschaftung zusammengestellt und an das MAGS geleitet.
Dadurch hatte das MAGS in Nordrhein-Westfalen einen guten Über-
blick über den Geldmittelabfluß in den einzelnen Regierungsbezirken und war dabei von keiner über- oder gleichgeordneten
Stelle abhängig, wie dies in Bayern der Fall war. Anfänglich
sollen zahlreiche Verzögerungen im Abfluß der Geldmittel eingetreten sein, die teilweise regional erkennbar waren. Dafür gibt
es zwei mögliche Erklärungsgründe: (1.) die Umstellung auf die
neuen Verfahrensabläufe soll in einigen Regierungspräsidien
schneller und problemloser vorgenommen worden sein, womit die
unterschiedlich vorhandene Verwaltungskapazität in den Regierungspräsidien angesprochen sein dürfte. Doch diese ist nicht
nur eigenbestimmt, sondern hängt (2.) auch von der Baukapazität
in städtischen und ländlichen Umfeldern ab.

Zwei andere Faktoren wirkten sich später auf eine Verbesserung
des Mittelabrufs und -abflusses aus: das seit etwa 1975 stark
reduzierte Finanzvolumen gab keine Anreize mehr, Finanzmittel
ungenutzt stehen zu lassen. Stufenpläne, die Bauprioritäten
über mehrere Jahre hinweg enthielten, gab es seit 1975 auch
nicht mehr.

Nach erfolgter Antragstellung und einer ersten Stellungnahme

durch das Regierungspräsidium wurde ein Planungsvorschlag an
das MAGS weitergeleitet. Dort fand dann in der Regel eine Grundsatzbesprechung mit allen zuständigen Referenten aus dem MAGS
und dem Träger, vertreten durch seinen Verwaltungsdirektor, den
Vertretern der Ärzteschaft, den Architekten und anderen Beratern
statt. Gegenstand der Grundsatzbesprechung waren alle mit einem
Planungsvorschlag zusammenhängenden Fragen wie etwa im Einzelfall anzuwendende Planungskriterien, Versorgungsstufen, regionale und überregionale Aspekte der Krankenhausversorgung, die
Anhaltspunkte für die Objektplanung, d.h. für die Fachabteilungen, geben sollten. Auch diese Praxis ging auf die späten
60er Jahre zurück. Fast wörtlich sind die Textstellen des Kom-
missionsberichts von 1969 im KBP von 1979 übernommen.

Der Aufgabenbereich der Regionalbehörde bei den Zielplanbesprechungen erstreckte sich im wesentlichen darauf, was das MAGS
im Einzelfall und je nach Versorgungsgebiet als solchen defi-
nierte, obwohl dieser durch eine beachtliche Antragsflut und
ständige Rückfragen bei dem MAGS durch Träger und andere quantitativ erweitert worden war. In der Sache war der Einfluß
gering. Die Erfahrungen, die Regionalbehörden beim Programmvollzug machten, erhellen, daß der Richtlinienerlaß weder
schwierige Rechts- und Förderfragen klarstellte, noch als Hilfestellung für die Verwaltung angesehen werden konnte.

6.7.   Erfahrungen beim Programmvollzug

Das KHG.NW., Verwaltungsrichtlinien und Erlasse des Landes
Nordrhein-Westfalen zusammen stellten die Rahmenbedingungen für
das Förder-, Feststellungs- und Planungsverfahren auf. Doch
zahlreiche Grenzfragen und Problemsituationen ergaben sich beim
Vollzug. Beispielsweise bestand keine Klarheit über den Begriff
der dringlichen Maßnahme, der einmal a) nach der Dringlichkeit
einer Baumaßnahme und zum anderen b) dem Stand der Planungsvorbereitungen durch den Träger gehandhabt wurde. Erst 1977 wurde
dieser Begriff näher auf eine "unabweisbare Notmaßnahme..., ohne
deren Durchführung der Krankenhausbetrieb gefährdet wäre", eingegrenzt. Vollkommen unpraktikabel war die Einhaltung des viel
zu kurz bemessenen Zeitraums zwischen der Antragstellung und
der endgültigen Entscheidung. Zwischen dem Beginn der Planungsvorbereitungen, der Antragstellung und der Genehmigung vergingen
häufig 2 bis 3 Jahre. Am Ende der Genehmigungsphase seien die
Pläne des Trägers schon wieder revisionsbedürftig gewesen. Bei
strikter Einhaltung der Vorschriften über den Baubeginn erst

nach erfolgter Genehmigung würde ein Träger überhaupt nie eine
Chance haben, in das JKBP aufgenommen zu werden. Noch problematischer waren die Fälle, in denen Entwicklungen im Bereich der
Medizintechnologie wie etwa in der Nuklearmedizin den Kauf eines
vor 2 Jahren beantragten Geräts nicht mehr als sinnvoll erscheinen ließen. Der gesamte Prüfungsprozeß mußte dann nochmals alle
Stufen durchlaufen.

Die Vorschlagslisten, die die Regierungspräsidien zur Aufnahme
in die JKBPe zusammenstellten, setzten sich theoretisch aus der
Summe aller lokalen Dringlichkeitslisten zusammen, die von den
Gesundheitsämtern zu entwickeln waren. Die Bedeutung der örtlichen und der regionalen Dringlichkeitslisten für einen ganzen
Regierungsbezirk wurden im Entscheidungsprozeß sehr gering angesetzt. Theoretisch hatten die Regierungspräsidien keine Verpflichtung, die lokalen Dringlichkeitslisten und Schwerpunkte
zu akzeptieren, denn Gesundheitsämter wurden auch nur gehört.
Auch das MAGS brauchte sich nicht an die Vorschlagslisten, ihre
Rangfolge und Wertungen zu halten. In der Zeit von 1973 bis 1976
soll das MAGS vollkommen unabhängig von diesen Empfehlungen im
Rahmen der im Haushalt zur Verfügung stehenden Finanzmittel entschieden haben. Von etwa 20 vorgeschlagenen Projekten im Falle
eines Regierungsbezirks sollen nur 2 vom MAGS berücksichtigt
worden sein.

Im Jahr 1977 trat eine gewisse Veränderung insofern ein, als
die durch Landesgesetz geschaffenen regionalen Bezirksplanungsräte in den einzelnen Regierungsbezirken, in denen Städte und
Kreise vertreten waren, ihre Tätigkeit aufnahmen. Sie hatten
die Aufgabe, die Regierungspräsidien in allen strukturwirksamen
und raumbedeutsamen Angelegenheiten wie etwa dem Neubau einer
Krankenanstalt zu beraten und bei der Abstimmung von Raumpla-
nung und Krankenhausbedarfsplanung mitzuwirken. Als Folge dieser
Entwicklung sollen in einigen Bezirken nur noch Dringlichkeitslisten vorgelegt worden sein, die mit dem Bezirksplanungsrat
abgestimmt und vom Regierungspräsidium und allen Abteilungen
politisch getragen wurden. Beispielsweise sollen im Regierungsbezirk Düsseldorf 3 verschiedene Listen aufgestellt worden sein.
Eine sog. "rote" Liste soll 10 bis 15 der dringlichsten Baumaßnahmen aufgeführt haben. Eine "grüne" Liste soll die Baumaßnahmen, auf die man Hoffnungen gesetzt hatte, daß sie eventuell
gefördert würden, enthalten haben. Eine "blaue" Liste soll die
Baumaßnahmen aufgelistet haben, die schon von vornherein als
hoffnungslos abgeschrieben waren.

Die Übergabe einer ganzen Dringlichkeitsliste ohne Rangfolge
durch das Regierungspräsidium kann als weitere Zuständigkeits-
verlagerung im Setzen von Prioritäten und Schwerpunkten inter-
pretiert werden. Doch ratifizierte dieser Zentralisierungsprozeß
eigentlich nur, was ohnehin schon eingetreten war: Das MAGS war
und ist eindeutig der wesentlichste Entscheidungsträger, der bei
den zunächst fast als grenzenlos erscheinenden Finanzmassen großzügig und später nach 1975 im Rahmen geringer werdender Ressourcen dann noch größeren Spielraum für zentrale Entscheidungen
forderte. Bezirksplanungsräte warem in den einzelnen Regierungsbezirken allerdings unterschiedlich aktiv. Ein gewisses Stadt-
Land-Gefälle ließ sich feststellen, das besonders bei den Zielplanbesprechungen unterschiedlich eingesetzt und genutzt werden
konnte.

Wie beim Verfahren nach § 9 (1) und (2) KHG ist das Regierungspräsidium auch für Anträge auf Fördermittel nach § 9 (3) und (4)
KHG zuständig. Anträge mußten beim Regierungspräsidium, Dezernat
36, das die Dezernate 24 zur medizinischen und 34 zur baulichen
Begutachtung einschaltete, gestellt werden. Auch diese Vor-
schlagsliste von Maßnahmen waren mit dem Amtsarzt und dem Bezirksplanungsrat abgesprochen. Zur Entscheidungsfindung von
mittelfristigen Anlagegütern standen den Regierungspräsidien
Kontingentmittel zur eigenverantwortlichen Verteilung zur Verfügung, sofern diese unter DM 500.000 lagen. Soweit sie über
DM 500.000 lagen, lag die Entscheidung beim MAGS. Für alle Regierungsbezirke standen im Jahr 1978 etwa 70 Mio DM zur Verfügung. Entsprechend waren die auf einen Regierungsbezirk entfallenden Geldmittel bescheiden. Obwohl nach mathematischer Kalkulation auf einen Regierungsbezirk nur 14 Mio DM entfallen würden, erhielt der Regierungsbezirk Düsseldorf 1978 16 Mio DM und
1979 17 Mio DM.

Für Notmaßnahmen zur Beseitigung von Mißständen und nach plötz-
lich eingetretenen Notständen mußten gutachtliche Stellungnahmen
zu medizinisch-technischen Fragen durch Dezernat 24 und zu baulichen Aspekten durch Dezernat 34 abgegeben werden. Sofern die
Stellungnahmen auf einen Betrag von unter DM 500.000 hinauslie-
fen, verblieb die Bewilligung der Fördermittel beim Regierungspräsidium, d.h. bei Dezernat 36, das auch den Bewilligungsbescheid erteilte. Stellten sich dann im Nachhinein Kostenüberschreitungen im Antrag als Folge der örtlich eingeholten Stellungnahmen ein, mußte der Bewilligungsbescheid wieder rückgängig
gemacht werden. Lag der gemeinsam veranschlagte Betrag über
DM 500.00, ging die Entscheidungszuständigkeit automatisch auf

das MAGS über. Entschied das MAGS im Sinne des Antrags, waren
die Kontingentmittel der Regierungspräsidien und nicht die des
MAGS für ganz Nordrhein-Westfalen verplant.

Zur Einstufung der Krankenhäuser nach § 10 KHG waren Bettenzahl
und das Jahr der Inbetriebnahme maßgebend. Die dazu erlassenen
"Richtlinien für die Einstufung der Krankenhäuser gemäß § 10
Abs. 2 des Gesetzes zur wirtschaftlichen Sicherung der Krankenhäuser und zur Regelung der Krankenhauspflegesätze" (35) knüpften
an die in Nordrhein-Westfalen schon vor dem KHG geübte Praxis
der Regeleinstufung von Planbetten an. Zuständig für die Einstufung im Regelfall waren die Regierungspräsidien, bei Ausnahmen war das MAGS zuständig. Wie vor 1972 waren die Träger in
die Pflicht genommen, jede auch nur irgendwie geartete Intention
zur baulichen Veränderung und Gestaltung des Hauses, unabhängig
davon, ob es sich um eine Veränderung im Funktionsteil oder der
Bettenverteilung nach Disziplinen handelte, drei Monate vor der
geplanten Veränderung anzuzeigen. Theoretisch sollte eine nicht
genehmigte Veränderung der Nutzung der Betten einen Abzug der
Pauschalmittel nach sich ziehen. Doch bestand auch in diesem
Fall eine gewisse Diskrepanz zwischen Theorie und Praxis.

Wie in Bayern wurden die Geldmittel für mittelfristige Investi-
tionsgüter und medizinisch-technische Apparaturen vierteljährlich angewiesen. In der Regel fiel diese Aufgabe in den Zu-
ständigkeitsbereich des Dezernats 36. Doch wurde von regional
unterschiedlichen Verwaltungspraktiken in der Handhabung dieser
Aufgaben und von Spannungen zwischen Dezernat 24 und 36 berichtet.

Welche Zwischenbilanz kann über den Einfluß der regionalen Behördenstellen im einzelnen gezogen werden? Dezernat 24 konnte
weder einen Einflußzuwachs in den Innenbeziehungen noch in den
Beziehungen zum MAGS erzielen trotz der zahlreichen Aufgaben,
die es im Rahmen der Krankenhausförderung und -planung erledigen
mußte. Sie alle dienten ausschließlich der Entscheidungsvorbe-
reitung durch Dezernat 36 intern oder extern durch das MAGS. Die
seit 1972 in Gang gekommene Verschiebung von Entscheidungsbefug-
nissen wirkte sich auf dieses Dezernat ebenso einflußmindernd
aus wie für Dezernat 36, das die Verantwortung für das Bewilligungsverfahren hatte, das aus vier Komponenten bestand: Freigabe
eines Baues und Erteilung des Bewilligungsbescheids unter Angabe
der voraussichtlichen Bemessungsgrundlage, Höhe der Fördermittel
und andere Weisungen. Um das MAGS über jede Veränderung auf dem
laufenden zu halten, mußte dieses Dezernat jede, auch noch so

unerhebliche, Veränderung anzeigen. Dies setzte voraus, daß die
Träger ihren Verpflichtungen zur Anzeige beim Regierungspräsidium nachgekommen waren. Gleichzeitig mußte das MAGS darüber
informiert werden, ob die Kosten sich im Rahmen der zu Baubeginn
antizipierten Kosten hielten. Bei einer Überschreitung von 5 %
oder mehr mußte dies ebenfalls gemeldet werden und um Genehmigung zur Ausführung bei überhöhten Kosten nachgesucht werden.
In zahlreichen Fällen konnte das Regierungspräsidium diese Genehmigung nicht erteilen, sondern mußte sich mit dem MAGS rückkoppeln. Dadurch entstanden Verzögerungen im Entscheidungsprozeß
und bei der Bewilligung der Geldmittel.

Das Regierungspräsidium, d.h. Dezernat 36, war für die ordnungs-
gemäße Verwendung öffentlicher Mittel und die Prüfung der Verwendungsnachweise verantwortlich. Drei Ursachen wurden für eine
Berücksichtigung von Kostenüberschreitungen anerkannt:

1. allgemeine Preis- und Kostensteigerungen im Bausektor, die
   eine Zurückstellung aus finanziell und konjunkturell
   bedingten Gründen nahelegte;

2. die Ablehnung der Bauförderung, wenn neue Gesichtspunkte
   und Erfahrungen aus der Regionalplanung in bezug auf Standort, Größe, fachliche Gliederung usw. zur Erhaltung oder
   Erzielung der bedarfsgerechten Gliederung es erforderlich
   werden ließ; und

3. der Rücktritt des Trägers von der Weiterplanung, wenn eine
   erkennbare Minderung der zumutbaren Leistungsfähigkeit des
   Zurückgetretenen gerechtfertigt erschien.

Für die Verwaltungspraxis bedeutete diese Regelung u.a., daß
bei Kostenüberschreitungen, die über die normalen Indexsteige-
rungen hinausgingen oder vom Prüfungsergebnis abwichen, Dezernat
34 für Kostenüberschreitungen im baulichen Bereich, Dezernat 24
bei Kostenüberschreitungen im medizinisch-technischen Bereich
und Dezernat 36, da es alle Gutachten zu einer abschließenden
Empfehlung an das MAGS zusammengefaßt hatte, verantwortlich
waren. Schließlich war jedoch die Entscheidung von dem MAGS getroffen worden. Also war seine Verantwortung auch angesprochen.
Doch was heißt Verantwortung für Kostenüberschreitungen angesichts der komplexen Problemlage im Krankenhausbereich, der Bauwirtschaft, der rasanten Preissteigerungsraten für medizinisch-
technische Apparaturen und der Lohnentwicklung in der Zeit von
1972 bis etwa 1978?

Die Wirklichkeit gab darauf eine Antwort. Zur Zeit der vollen
Kassen wurden Kostenüberschreitungen, die bei einem Zeitraum
von durchschnittlich zwei Jahren zwischen Antragstellung und
Bewilligung relativ einfach eintraten, "flexibel" gehandhabt,
d.h. sie wurden anerkannt. Seit der eingetretenen Finanzkrise
soll die Übernahme von Kostenüberschreitungen strenger gehandhabt worden sein. Sie soll auch nach 1978 gar nicht mehr möglich
gewesen sein.

"Richtlinien für das Verfahren der Abgeltung der "alten Last"
gemäß des § 12 des Gesetzes zur wirtschaftlichen Sicherung der
Krankenhäuser und der Krankenhauspflegesätze" (36) ergingen end-
lich nach siebenjähriger Verspätung im Einvernehmen mit dem
Finanzminister, dem Innenministerium und dem Landesrechungshof
im November 1979.

Alle Bestimmungen zum Planungsvorschlag, dem Antrags- und Bewilligungsverfahren waren vergleichsweise noch verständlich. Es war
nachvollziehbar, wer welche Voraussetzungen zu erfüllen hatte,
und wer auf welcher Verwaltungsebene letztlich über Regel- oder
Ausnahmeentscheidungen befand. Obwohl nicht alle Schritte beim
Programmvollzug im einzelnen herauskristallisiert worden waren,
war das Verhältnis der Dezernate untereinander, ihre Beziehungen
zu dem MAGS und zu den Trägern in Konturen erkennbar. Die Regelungen zum Auszahlungsverfahren sind zu umfangreich, als daß sie
hier referiert werden könnten.

6.8.   Staatliche Zuschüsse zur Bewältigung staatlich
        gesetzter Bedingungen

Ähnlich wie beim Programmvollzug der Wirtschaftlichkeitsprüfung
im Rahmen der BPflV in Nordrhein-Westfalen (die Abrechnung erfolgte über den Pflegesatz) wurden vom Staat Kosten übernommen,
die eigentlich nur dadurch entstanden, daß die Gesetz- und Verordnungsgeber besondere Bedingungen zur Vorlage von Planungsunterlagen gestellt hatten, die unter normalen Umständen kaum
ohne Schwierigkeiten zu erbringen waren. Antragsberechtigt auf
öffentliche Förderung der Planungskosten waren nur solche Träger, die in den KBP aufgenommen und bei der mittelfristigen
Finanzplanung des Landes berücksichtigt und vom MAGS schon zur
Vorbereitung einer Grundsatzbesprechung - Einzelobjektplanung
- aufgefordert worden waren. Nach dem 1.1.1973 wurden Planungskosten "erstattet unter der Voraussetzung, daß eine während des
Förderungsverfahrens zugelassene Planung aus Gründen, die der
Träger nicht zu vertreten hat, nicht in der geplanten Baumaßnahme verwertet wird" (37).

Planungszuschüsse brachten nicht nur Vorteile für die förderungsfähigen Träger, sondern auch für die beteiligten Ministerien. Alle Gebühren (d.h. 100 %) für Architekten, Fachingenieure
und Verwaltungsaufgaben wurden bezahlt, damit die Träger in die
Lage versetzt wurden, den komplizierten und ausführlichen Vorschriften zur Antragstellung auf öffentliche Förderung entsprechen zu können, die der Gesetz- und Verordnungsgeber erlassen
hatte. Für das MAGS bestanden die Vorteile hauptsächlich darin,
daß es sich eigentlich nicht festlegen brauchte. Es konnte
jederzeit ohne große Begründung von seinem Ermessensspielraum
Gebrauch machen und seine schon getroffenen Entscheidungen in
Einzelfällen revidieren. Dies fiel um so leichter, als das MAGS
ja den gesamten Krankenhaustitel in relativer Autonomie vom
Finanzministerium (im Gegensatz zu Bayern) kontrollierte und
entsprechend über die Mittelverwendung disponieren konnte. Dort
fielen auch die Entscheidungen über die Zuschüsse und deren
Höhe.

Entlohnt wurden natürliche und juristische Personen, die neben
Architekten bei der Planung von Baumaßnahmen und bei der Errichtung von Krankenhäusern gegen Honorar diese Aufgaben erledigten:

- Stellung der Anträge auf Förderung

- Beschaffung von Finanzmitteln und

- Verwaltung der mit dem Bauvorhaben oder der Einrichtung
  zusammenhängenden Maßnahmen.

Daneben finanzierte Nordrhein-Westfalen zusätzlich und "aus-
nahmsweise" Kosten für die Einschaltung von Beratern, Betreuern
und Beauftragten bei Krankenhausbaumaßnahmen, sofern diese unter
Anwendung der Grundsätze der Sparsamkeit und Wirtschaftlichkeit
erbracht worden waren. Über diese beiden Begriffe wurde schon
viel vor und nach dem KHG geschrieben und Forschungsaufträge
dazu mehrfach vergeben. Doch praxisorientierte und anwendungs-
fähige Kriterien und Begriffe, die konsensfähig wären und keine
Zielkonflikte beinhalten, sind bisher nicht entwickelt worden
und dürften auch in Zukunft lange auf sich warten lassen. Im
Gegensatz zu Begriffen, die rein theoretisch konzipiert sind,
werden diese eigentlich immer nur mit gewissen politischen, ja
sogar parteipolitischen Akzenten in die Wirklichkeit umgesetzt.
Die Richtlinien von 1973 wurden im Jahr 1978 neu gefaßt.

Jeder weitere Versuch, diese Richtlinien näher zu kommentieren
und die Hintergründe dieses Erlasses genau nach Ursache,
Förderern und Zielsetzung sowie nach Umsetzbarkeit näher politisch und inhaltlich zu hinterfragen, stößt verständlicherweise
auf gewisse Grenzen. Doch soviel läßt sich relativ einfach erkennen. Durch die Einschaltung der von dem MAGS akzeptierten
Berater werden späteren Problemen beim Bau, der Errichtung und
weiterführenden Planung vorgebeugt. Die vertraglich festgelegte
und von den Behörden genehmigte Definition der zu erbringenden
Leistungen wird zur Grundlage von Entscheidungen, Überprüfungen
und zur Auszahlung von Fördermitteln gemacht. Kaum einsichtig
wäre, daß die von einem Privaten entwickelten und zur Grundlage
der ministeriellen Zustimmung gemachten Pläne dann später
seitens des Ministeriums widerrufen würden, wohl aber durch
Gerichtsurteile. Einsichtig ist auch, daß die Ministerial- wie
die Regionalbürokratie durch die Komplexität der durch Bundes-
und Landesgesetze und Bundes- und Landesverordnungen gesetzten
Regelungen beim Programmvollzug selbst überfordert war.

Schließlich kann man die Einschaltung von Beratern als Arbeits-
platz- bzw. als Einkommenssicherungsprogramm für Firmen und
freiberuflich Tätige interpretieren. Für Gesamtkosten einer
Krankenhausbaumaßnahme bis zu 2 Mio DM wurden höchstens 0,9 %,
bei Gesamtkosten über 2 Mio DM höchstens 0,75 % erstattet. Diese
Vergütung mutet für Einzelmaßnahmen bescheiden an, doch dürfte
es sich hier um die Summe zahlreicher Einzelmaßnahmen in Nordrhein-Westfalen handeln, die von einer oder mehreren Berater-
firmen betreut wurden. Errechnet man die Höhe der Gesamtmittel
anhand des in Nordrhein-Westfalen investierten Gesamtvolumens
im Krankenhausbereich, ergibt sich eine weniger bescheidene
Summe.

Abschließend wird über die Rolle und den Aufgabenbereich der
regionalen Förder-, Feststellungs- und Planungsbehörden dieses
klar: Im Verhältnis zur Zeit vor 1972 mußten sie trotz der zusätzlichen und umfangreichen Aufgaben einen erheblichen Einflußverlust als Folge der fast totalen Entscheidungskonzentration
aller relevanten Problem- und Sachbereiche auf das MAGS hinnehmen. Trotz der zahlreich anfallenden Aufgaben konnten diese
nicht zu einer Einflußerweiterung genutzt werden. Im Gegenteil:
die auf der Ebene der Regionalbehörden geleisteten Prüfungs- und
Überwachungsarbeiten einschließlich ihrer gutachtlichen Stellungnahmen zur Krankenhausversorgung, zu medizinisch-appara-
tiven, bautechnischen wie finanziellen Angelegenheiten wurden
durch ein ähnliches Team von Ministerialbeamten im MAGS noch-

mals wiederholt. Aus der Sicht des MAGS - und nicht zu Unrecht -
erschienen die Regierungspräsidien und die Dezernate meist als
Befürworter, Sprecher und Förderer von Trägerinteressen. Die
Entscheidungen fielen im MAGS. Dabei ergaben sich durchaus
Divergenzen in den Gutachten und Prüfberichten zwischen den
regionalen Dezernaten und den Fachleuten beim MAGS. Diese seien
dann häufig dahingehend kommentiert worden: "Wenn ihr nicht
wollt, passiert überhaupt nichts". Das Regierungspräsidium als
Puffer zwischen Ministerium und Träger wurde dann beauftragt,
den Träger aufzufordern, Alternativpläne vorzulegen.

Ähnlich wie im bayerischen Behördenaufbau ergaben sich auch in
den Innenbeziehungen der Regierungspräsidien gewisse Rollen- und
Einflußverschiebungen von den Dezernaten Gesundheit und Staatshochbau zum Dezernat Bauförderung und Wohnungsangelegenheiten.
Letzteres bestimmte die Disposition von Finanzressourcen zwar
nicht eigenständig, doch im Vergleich zu den anderen Dezernaten
konnte es eine geringfügig größere Rolle im Rahmen des Regierungspräsidiums spielen. Ob die im Jahr 1980 durchgeführte
Funktionalreform, die u.a. das für Pflegesatzfragen zuständige
Dezernat 52 ausdrücklich betraf, diesen Einflußverlust rückgängig machte, bleibt sehr fraglich. Die Funktionalreform beab-
sichtigte eine größere Dezentralisierung in der Verwaltung.
Politisches Gerede über Dezentralisierung und Bürgernähe steht
in der Tat in krassem Gegensatz zum beobachteten und tatsächlich
abgelaufenen zentralistischen Verwaltungshandeln. Ein 'mild'
autoritäres Entscheidungsmodell läßt sich plausiblerweise
leichter zur zentralen Steuerung und Lenkung einsetzen als ein
echt dezentralisiertes. Auch in diesem Fall sind die beschrie-
benen Entwicklungen der Verwaltungspraxis in Nordrhein-Westfalen
denen in Bayern nicht unähnlich.

6.9. Rolle und Aufgaben des Gesundheitsamtes

Im Einklang mit den verfassungsrechtlich unterschiedlichen
Rahmenbedingungen der Gesundheitsämter in Nordrhein-Westfalen
wurden diese ausdrücklich als erste Anlaufstelle und als Bindeglied zwischen der staatlichen Verwaltung und den Krankenhäusern
bei der Vorbereitung der Förderunterlagen in fachlichen Fragen
in der Verordnung über das Verfahren zur Förderung von Krankenhäusern erwähnt.

Im vorgeschriebenen Format für den medizinalaufsichtlichen Bericht, der jährlich vom Amtsarzt zu erstellen ist, wurden Anga-

ben über die Veränderungen der inneren Struktur, der Bettenzahl
nach Disziplinen und hauptamtlich besetzten Abteilungen gefordert, die von geplanten Baumaßnahmen verändert oder tangiert
würden. Des weiteren mußten detaillierte Angaben über die per-
sonelle Besetzung bzw. Einrichtungen wie etwa Anästhesie und
Radiologie, Zentrallabor, Intensiveinheit, Röntgendiagnostik
und -therapie oder Hochvolttherapie gemacht werden, die über
die Angaben hinausgehen, die alle Amtsärzte in der Bundesrepublik nach § 47 der 3. DVO zum öffentlichen Gesundheitsdienst
erstellen müssen. Auch Angaben über Schwesternwohnheime, Schulen
für Krankenpfleger, Lehranstalten für Heilhilfsberufe und ähnliches mehr werden erhoben.

Welche Bedeutung hatte die Einschaltung der kommunalisierten
Gesundheitsämter bei den Planvorbereitungen in Wirklichkeit?
Hier gilt es, zwischen dem Aufgabenbereich für die Einzelobjektplanung und für die regionalisierte Krankenhausbedarfsplanung im Rahmen der Zielplanbesprechungen zu unterscheiden. Bei
der Einzelobjektplanung waren die Aufgaben des Gesundheitsamtes
relativ konkret beschrieben und liefen auf die Erteilung von
Auskünften und die Abgabe einer gutachtlichen Stellungnahme in
der Phase der Planungsvorbereitung hinaus, sofern die Träger
sich tatsächlich an das Gesundheitsamt wandten. In etwa 50 %
der Fälle ging jedoch der Antrag direkt beim Regierungspräsidium ein. Dennoch mußte das Gesundheitsamt laut Verfahren gehört
werden, was zu einer kuriosen Situation, d.h. zusätzlichen
Kommunikationsprozessen führte, denn beide verfügten über einen
unterschiedlichen Informations- und Aktenstand. Ähnlich wie bei
den staatlichen Gesundsheitsämtern in Bayern zogen die Träger
und die Städte und Kreise den direkten Draht zu den Referenten
in dem MAGS oder in den Regionalbehörden dem relativ einfachen
Kontakt zum Gesundheitsamt vor.

Die Aufgaben der Gesundheitsämter bei der Vorbereitung der Zielplanbesprechungen waren weniger genau umschrieben. Letztlich
hingen sie davon ab, ob und in welchem Maße die Stadt- und
Kreisverwaltungen das Gesundheitsamt mit Vorbereitungsarbeiten
beauftragten, und welche Krankenhausversorgungsstrukturen mit
den entsprechenden medizinischen und pflegerischen Kapazitäten
in einer Stadt oder einem Kreis tatsächlich vorhanden waren. Sofern das Gesundheitsamt in lokale Abstimmungs- und Willensbil-
dungsprozesse eingeschaltet war, floß das Ergebnis weniger in
die Stellungnahme des Gesundheitsamts an die oberen Verwaltungsbehörden mit ein, als vielmehr in die Stellungnahme der Stadt
oder des Kreises, die diese bei den Zielplanbesprechungen abgaben.

7. Ergebnisse Implementierter Krankenhauspolitik über einen Zeitraum von 30 Jahren

Inhaltliche Zielvorgaben, Lenkungs- und Steuerungsinstrumente sowie Brennpunkte bei der Umsetzung von Krankenhauspolitik in Bayern und Nordrhein-Westfalen, die bei der Finanzierung und Planung von Krankenhausinvestitionen in der Zeit von etwa Mitte 1950 bis zur Gegenwart maßgebend waren, wurden ausführlich beschrieben und analysiert. Zusätzlich wurden strukturelle Rahmenbedingungen der stationären Versorgung und strukturräumliche, demographische und erwerbsstrukturelle Gegebenheiten in den städtischen und ländlichen Versorgungsgebieten herausgestellt. Dies deswegen, weil die Untersuchung von der Annahme ausging, daß diese Rahmenbedingungen die Bandbreite dessen abstecken, was durch Krankenhausfinanzierung und -planung machbar wird und gleichzeitig die Handlungs- und Entscheidungsspielräume der Krankenhausträger und der staatlichen Behörden auf allen drei Ebenen, d.h. der Landes-, der Regional- und der Kommunalebene, nachhaltig eingrenzen. Dabei wurde die Steuerbarkeit der räumlichen und funktionalen Verteilung staatlicher Fördermittel erheblich in Zweifel gestellt, unabhängig von real bestehenden Einfluß-, Lenkungs- und Kontrollmöglichkeiten der Bürokratie(n), die den Prozeß der Krankenhausbedarfsplanung dominierte(n). Abschließend bedarf es einer kritischen Gesamtschau der Ergebnisse der Politikentscheidungen zur Krankenhausfinanzierung und zur Bedarfsplanung, die von diversen und unterschiedlichen Akteuren getroffen wurden und sich auf die Existenz angemessener Versorgungsstrukturen und Leistungskapazitäten in den Untersuchungsgebieten auswirken sollten. Doch nicht irgendwelche Auswirkungen, sondern ganz bestimmte Auswirkungen sollten erzielt werden.

In der Theorie und nach der Logik des KHG und der Krankenhausbedarfsplanung besteht eine Vielzahl empirischer Indikatoren, die verwendet werden könnten, um die Reichweite dieser Auswirkungen ablesen zu können. In der Praxis, und als Folge der unterschiedlichen Aufmerksamkeitsskala beteiligter Landesbehörden, was wissenswerte, relevante und veröffentlichungswürdige Informationen sind, bedarf es einer Begrenzung auf selektive Indikatoren. Diese müssen auch deswegen selektiv sein, als zahlreiche Begriffe wie etwa "zugelassene" oder "betriebene" Betten, "Planbetten" oder etwa die Unterscheidung in Akut-,

Sonder- und Fachkrankenhäuser sich im gewählten Zeitraum ändern.
Auch die gänzlich neuen Rechtsgrundlagen der Krankenhausfinanzierung und -planung seit 1972 machen diesen Ansatz erforderlich.

Die nachfolgenden Indikatoren geben Aufschluß über einige Aus-
wirkungen; und zwar eher punktuell als systematisch - bestimmte
Perioden begrenzend und nicht den ganzen Zeitraum umfassend.
Systematische Fein- und Zeitvergleiche sind unter den gegebenen
Umständen nicht möglich, vergleichende Trendaussagen dagegen
eher.

Im Mittelpunkt stehen Aussagen über Entwicklungstrends in unterschiedlichen Bereichen. Dabei erschien es zweckmäßig, Entwicklungstrends zu unterscheiden nach Auswirkungen im Hinblick auf:

- Strukturaspekte

- Bedarfsaspekte

- Kostenaspekte

- Lenkung, Einfluß und Kontrolle in den Krankenhäusern

- Lenkung, Einfluß und Kontrolle der Ministerialbürokratie.

Als Folge der geschilderten Datenschwierigkeiten wird auf Informationen zurückgegriffen, die je nach Erkenntnisinteresse auf
der Bundes-, der Landes- oder der Regierungsbezirksebene aggregiert sind und unterschiedliche Faktorenbündel ansprechen.
Soweit vorhanden, wird auch auf Eigendarstellungen beteiligter
Ministerien zurückgegriffen. Zunächst wird unterstellt, daß
zwischen den Entscheidungen zur Finanzierung und Planung von
Krankenhäusern und der Verteilung von Betten und den beobachteten Ergebnisse, ein direkter Zusammenhang besteht. Ob er tatsächlich besteht, wird in einem späteren Abschnitt erörtert.

Das angesprochene Dilemma mangelnder oder ungleichwertiger Daten
und Informationen wird auch nach der Verabschiedung des KHG und
der danach erfolgten Veröffentlichung von KBPen, die eigentlich
bundesweit einheitliche Daten in entscheidenden Bereichen erwarten ließen, nicht gelöst. So verwenden beispielsweise Bayern und
Nordrhein-Westfalen anfänglich ungleiche Begriffe wie etwa den
Begriff des "Planbettes" und veröffentlichen entsprechend unterschiedliche Informationen. Die erste Fassung des bayerischen KBP

berichtet nur über das Betten-Soll, d.h. die in Zukunft zu fördernden Planbetten, und enthält über das Betten-Ist keine Angaben. 1977 wird folgende offizielle Äußerung über Bettenzahlen
gemacht:

> In Bayern werden alle ständig aufgestellten Betten, soweit
> sie bedarfsnotwendig sind, gefördert, und zwar unabhängig
> davon, ob diese Betten bereits jetzt allen Anforderungen,
> die mit dem Planbetten-Begriff verbunden sind, genügen.
> Dieser Plan enthält daher auch keine Aussage über die Zahl
> der funktionsgerechten Betten in den einzelnen Häusern.
> Dieses Verfahren ist für die Planungsbehörde derzeit aus
> Bedarfsgründen geboten.
>
> Bei einer späteren Fortschreibung dieses Bedarfsplanes soll
> die genaue Zahl der funktionsgerechten Betten (Plan-Betten)
> neben den insgesamt geförderten Betten ausgewiesen werden,
> um zu veranschaulichen, in welchem Umfang noch ein Nachhol-
> bedarf für Neu-, Um- und Erweiterungsbaumaßnahmen bei Kran-
> kenhäusern besteht (Brühne, 1978, 43-44).

Der zu Beginn der 70er Jahre in Bayern verwendete Begriff, wonach ein Planbett krankenhaushygienischen und funktionell bestimmten Erfordernissen entsprechen soll, ist mit dem in den
60er Jahren verwendeten Begriff praktisch identisch (Genzel,
1974, 684).

Nach dem KHG bzw. der BPflV fallen unter den Begriff des Planbettes die (a) bei der Bewilligung von Fördermitteln nach
§ 10 KHG zugrundegelegten Krankenhausplanbetten und (b) die den
ordnungsbehördlichen Vorschriften entsprechend aufgestellten
Betten (Infektionsbetten). Entsprechend wird der Begriff des
Planbettes erst seit 1977 vom Statistischen Bundesamt verwendet.
Der Bericht der Bundesregierung über die Auswirkungen des Gesetzes zur wirtschaftlichen Sicherung der Krankenhäuser und zur
Regelung der Pflegesätze (Deutscher Bundestag, VII/4530) legt
ein beredtes Zeugnis über die Schwierigkeit der Vergleichbarkeit
selbst von Bundesdaten ab. Zahlreiche dort veröffentlichte Daten
stimmen auch nicht mit den Angaben im Finanzbericht des Bundesministeriums für Finanzen (1978) und mit den Veröffentlichungen
der Länder überein.

Für die Zeit von 1955 bis etwa 1975 werden hauptsächlich Angaben in den jährlichen Veröffentlichungen über das Gesundheitswesen in Bayern und Nordrhein-Westfalen als einheitliche Quelle,

die während des gesamten Zeitraums konstant bleibt, herangezogen, obwohl auch hier sich gewisse Änderungen in der Zuordnung
von Beobachtungen zu unterschiedlichen Kategorien in Bayern und
Nordrhein-Westfalen, ja sogar innerhalb eines Landes ergeben
(Bayerisches Staatsministerium des Innern, 1955, 1965 und 1975;
StMAS, 1972-1977; MAGS, 1972-1977; Landesamt für Datenverarbeitung und Statistik in Nordrhein-Westfalen, Statistisches Jahrbuch 1955, 1965 und 1975; Jahresgesundheitsbericht, jährlich).
Dennoch vermitteln diese Veröffentlichungen interessante Einblicke in die Entwicklung des Krankenhauswesens seit Mitte der
50er Jahre. Rückschlüsse über den Verdichtungs- und Konzentra-
tionsgrad in der stationären Versorgung mußten bis in die jüng-
ste Vergangenheit scheitern, denn Aussagen über Größenordnung,
medizinisch-technische Ausstattung und Leistungsfähigkeit und
ähnliches mehr waren nicht bekannt. Die Einführung des statistischen Teils des Selbstkostenblattes durch die BPflV von 1974
dürfte eine gewisse Verbesserung im Informationsstand gebracht
haben. Doch für die analytische Perspektive dieser Arbeit bleibt
auch sein Wert begrenzt.

7.1. Strukturaspekte

Zu den Auswirkungen der Krankenhausfinanzierung und -planung
sollen nachfolgend einige Strukturaspekte und eingetretene -
oder nicht eingetretene - Veränderungen näher beleuchtet werden.
Zunächst wird der Zeitraum von 1955 bis etwa 1975 und dann der
Zeitraum nach der Verabschiedung des KHG im Jahr 1972 bis zur
Gegenwart analysiert werden.

7.1.1. Größenordnung

In der Vergangenheit lag das Schwergewicht der stationären Versorgung in Bayern auf einer Vielzahl von Klein- und Kleinst-
krankenhäusern. Trotz der Krankenhausbedarfsplanung oder gerade,
weil sie auch politische Planung ist und sozio-ökonomische
Rahmenbedingungen eines Flächenstaates nicht ignorieren konnte,
veränderte sich das stationäre Versorgungsraster nur relativ und
wurde nach Versorgungsgesichtspunkten qualitativ und funktional
differenzierter. Doch beruht auch heute noch die Krankenhausversorgung der bayerischen Bevölkerung bis über 70 % auf medizinisch-technischen und pflegerischen Dienstleistungen, die in
Krankenhäusern einer Größenordnung von unter 250 Betten ange-
boten werden (StMAS, 1981, 66; StMAS, 1983, 74).

Größenordnung	1980 *	1983 **
bis zu 50 Betten	65 = 16 %	65 = 14,7 %
von 51 bis 100 Betten	98 = 24 %	99 = 25,8 %
von 101 Betten bis 250 Betten	149 = 37 %	147 = 39,2 %
von 251 Betten bis 350 Betten	28 = 7 %	25 = 6,4 %
von 351 Betten bis 650 Betten	44 = 11 %	42 = 11,4 %

* Miserok, 1980, 320; ** StMAS, 1983, 74.

Nach Darstellung des Ministeriums verändert sich die Aufteilung
der geförderten Krankenhäuser nach Größenordnung bei insgesamt
402 im KBP 1980 aufgenommenen Krankenhäuser einschließlich der
großen Nervenkrankenhäuser der 7 bayerischen Regierungsbezirke
seit der Aufstellung des bayerischen KBP kaum. Damals ging man
noch davon aus,

> daß nahezu ein Drittel der in die öffentliche Förderung
> zunächst einbezogenen Krankenhäuser, insbesondere die
> sogenannten Kleinstkrankenhäuser auf längere Sicht Konzen-
> trationsbestrebungen zum Opfer fallen würden. In letzter
> Zeit ist hier allerdings ein Umdenken eingetreten, das
> durch eine stärkere Gewichtung des Grundsatzes der bürger-
> nahen Versorgung gekennzeichnet ist...

> Denn so wichtig die Bürgernähe als eines der selbstver-
> ständlichen Ziele der Krankenhausplanung ist, so wenig
> darf sie ihrerseits zum Selbstzweck werden und damit zu
> Lasten der vom Bürger doch in erster Linie zu erwartenden
> med. Leistungsfähigkeit. Nicht alle kleinen Krankenhäuser,
> die derzeit in die öffentliche Förderung einbezogen sind,
> werden daher auf Dauer im Krankenhausbedarfsplan verbleiben
> können (Miserok, 1980, 320).

Ähnlich detaillierte Angaben aus Nordrhein-Westfalen für den-
selben Zeitraum stehen nicht zur Verfügung. Nach den Angaben der
Bundesstatistik sind die Veränderungen für Bayern etwas stärker.
Dennoch stehen auch nach dieser Quelle etwa 35 % im Vergleich zu
nur etwa 13 % aller Betten in Nordrhein-Westfalen in Krankenhäusern einer Größenklasse unter 200 Betten. Hingegen stehen
etwa 15 % aller Betten in Nordrhein-Westfalen und 18 % in Bayern

in Großkrankenhäusern mit 1000 und mehr Betten (Statisches
Bundesamt Wiesbaden, 1981, 6).

7.1.2. Bausubstanz

Im Jahr 1979 entfiel etwa ein Drittel (34 %) aller geförderten
Betten in Bayern auf Häuser, die vor 1950 gebaut wurden, in
Nordrhein-Westfalen weniger als ein Fünftel (15,2 %). Anders
ausgedrück: 85 % der Betten in Nordrhein-Westfalen und 68 %
der Betten in Bayern stehen in Häusern, die nach 1951 gebaut
wurden (Baumgarten, 1981, 56). Je nach Versorgungsgebiet und
Standort der Häuser variieren diese Landesdurchschnitte erheblich. So stehen von allen in Düsseldorf geförderten Betten etwa
90 % in Häusern, die nach 1951 gebaut wurden, im Versorgungsgebiet 16 etwa 92,5 % und im Versorgungsgebiet 15 etwa ein
ähnlicher Anteil. Auf die vergleichsweise ältere Bausubstanz
der Betten und Häuser in den ländlichen Versorgungsgebieten in
Bayern wurde schon aufmerksam gemacht. Dies trifft allerdings
nicht auf die Häuser in München zu. Ein Beschluß des bayerischen
Landtags im Jahr 1976 gab der Sanierung und Modernisierung grundsätzlich Vorrang gegenüber Neuplanung. Nach allerneusten Darstellungen aus Bayern sollen in etwa 40 Fällen neue Krankenhäuser gebaut worden sein. Etwa 80 % des qualitativen Ausbaues
wurde über Modernisierung und Sanierungsarbeiten erreicht. Auf
den Bettenbestand umgerechnet bedeutet dies, daß ein Sechstel
(oder 13.866 Betten) seit 1972 neu erstellt wurden.

Im ersten Stufenplan in Nordrhein-Westfalen von 1971 bis 1975
waren von 48 ausgewiesenen Maßnahmen allein etwa 34 als Neubauten bezeichnet, deren Planungsvorbereitungen aus der Zeit vor
der mit dem KHG begonnenen Ära stammten und die fast von heute
auf morgen in den Genuß der Fördermittel nach dem KHG kommen
konnten (Landesregierung Nordrhein-Westfalen, 1970, 127).

7.1.3. Verteilung der Fördermittel nach Versorgungsstufen

Zur Verteilung der Fördermittel für den Krankenhausbau in Bayern
in der Zeit von 1972 bis 1980 schrieb der damalige Staats-
sekretär Dr. Rosenbauer (KU, 1981, 328):

> Ein Blick auf die Fördermittel für den Krankenhausbau in
> Bayern zwischen 1972 und 1980 zeigt, daß auf die kleineren
> und auf die größeren Krankenhäuser jeweils etwa die Hälfte

der Gesamtausgaben entfällt. Für 153 Baumaßnahmen an Krankenhäusern mit bis zu 250 Betten und der besonders bürgernahen Versorgungsstufen I, E (Ergänzungsversorgung) und
F (Fachkrankenhäuser) wurden insgesamt 1,295 Milliarden DM
ausgegeben. Für 39 Maßnahmen an Krankenhäusern mit über 250
Betten (ohne Krankenhäuser der Versorgungsstufen I, E und
F) wurden 1,298 Milliarden DM ausgegeben. Die Verbesserungen an den Krankenhäusern der Versorgungsstufen II und
III kommen außerdem nicht nur den Großstädten zugute. Entsprechend ihrer Aufgabe, in verschiedenen Fachrichtungen
und Subspezialisierungen auch den ländlichen Raum flächendeckend zu versorgen, weisen die Krankenhäuser höherer
Versorgungsstufen auch einen entsprechenden Patientenzu-
strom aus ihrem weiteren Umland auf. 50 bis 60 % ihrer
Patienten stammen von auswärts.

Ähnliche Angaben über die Verteilung der Fördermittel nach Versorgungsstufen stehen für das Land Nordrhein-Westfalen nicht zur
Verfügung.

7.1.4. Zahl der Schließungen

Nach ministeriellen Berechnungen in Bayern soll sich in der Zeit
von 1975 bis 1981 die Zahl der in die öffentliche Förderung ein-
bezogenen Krankenhäuser seit Aufstellung des KBP um etwa 4 %
verringert haben. Am 1. Januar 1982 wurden 404 Häuser, auf etwa
270 Städte und Gemeinden verteilt, im Vergleich zu 538 Akutkrankenhäuser, auf etwa 220 Städten und Gemeinden in Nordrhein-
Westfalen (MAGS, 1980, 1112-1116) verteilt, nach dem KHG
gefördert.

In Nordrhein-Westfalen wurden im Zeitraum von 1975 bis 1980
90 Häuser zusätzlich zu etwa 23 Häusern, die in der Zeit von
1970 bis 1975 nicht mehr aufgeführt wurden, geschlossen (MAGS,
1980, 20). Wie die Untersuchungsgebiete durch Schließungen bzw.
Umwandlungen der Fachrichtungen betroffen wurden, wird im Zusammenhang mit der vergleichenden Analyse später dargestellt
werden.

Zur Reduktion der Gesamtzahl von 609 Häusern im Jahr 1967 auf
515 im Jahr 1970 heißt es im KBP von 1971 (Abschnitt IV):

> Die reduzierte Gesamtzahl (515) ergibt sich daraus, daß
> die Privatkrankenanstalten und kleine, wenig leistungs-

fähige Krankenhäuser nicht in die Bedarfsplanung aufgenommen werden konnten sowie durch die freiwillige Schließung kleiner Krankenhäuser. In einigen Fällen schlossen
sich Krankenhäuser gleichartiger Träger funktionell
zusammen...

Hierbei wird aus unterschiedlichen Gründen bei 151 dieser
Krankenhäuser (von ingesamt 515) über eine endgültige Aufnahme in den Krankenhausbedarfsplan des Landes bzw. ihre
zukünftige Zweckbestimmung noch entschieden werden müssen.
Das bedeutet, daß innerhalb der nächsten zehn Jahre rech-
nerisch noch etwa 76 Krankenhäuser in das Programm zur
Strukturverbesserung der Akutversorgung einbezogen werden
müssen.

Im Klartext heißt dies: die Schließung kleiner Krankenhäuser
bedurfte nicht des KHG, sondern war politisch und planerisch
schon beschlossene Sache in Nordrhein-Westfalen. Da die Mehr-
zahl kleiner Häuser entweder in freigemeinnütziger oder in privater Trägerschaft war, waren diese eo ipso davon betroffen.

7.1.5. Bettenabbau

Nach Darstellung des StMAS wurden in der Zeit von 1975 bis 1981
über 4.800 Akutbetten tatsächlich abgebaut und die Zahl der zu
fördernden Betten wurde um etwa 6.600 reduziert (MAGS, 1980,20).
Nach anderen hausinternen Zahlenangaben sollen 10.898 planmäßige
Betten allein in der Zeit von 1977 bis 1979 abgebaut worden sein.
Nach einer Bundesstatistik aus dem Jahr 1983 kommt man zu einem
ganz anderen Ergebnis: Danach haben Bayern und Nordrhein-Westfalen ihre absolute Bettenzahl vielleicht reduziert, jedoch im
Vergleich zu 1973 mehr Betten in die Förderung aufgenommen.

7.1.6. Nach dem KHG geförderte Betten nach Ländern
Akutbetten und psychiatrische Betten

Die Entwicklung der nach dem KHG geförderten Planbetten in den
einzelnen Bundesländern verläuft recht unterschiedlich im Zeitraum von 1973 bis 1983. Dies trifft zu auf die Entwicklung der
Gesamtzahlen, getrennt nach Betten in Akutkrankenhäusern und
nach psychiatrischen Betten. Auch das Bettenangebot je 10.000
Einwohner, bzw. die finanzielle Belastung und die relative
Besser- oder Schlechterstellung bei der stationären Versorgung
zeigt starke länderweise Variationen. In 6 Bundesländern

(Niedersachsen, Bremen, Nordrhein-Westfalen, Hessen, Rheinland
und Bayern) erhöht sich die Gesamtzahl aller geförderten Betten
absolut und prozentual von 1973 bis 1983 bei einer geringer gewordenen Zahl von Krankenhäusern. In 4 Bundesländern (Schleswig-
Holstein, Hamburg, Baden-Württemberg und Saarland) verringert
sich die Gesamtzahl der in die Förderung aufgenommenen Betten,
während in Berlin die Gesamtzahl der geförderten Betten in etwa
konstant bleibt. Im Bundesdurchschnitt erhöht sich die Zahl aller
geförderten Betten während dieses Zeitraums (38).

Bei Begrenzung des Zeitvergleichs auf Bayern und Nordrhein-
Westfalen und auf Betten in Akutkrankenhäusern existieren in
Bayern 66 Betten je 10.000 Einwohner im Jahr 1973 und 76 im
Jahr 1981. In Nordrhein-Westfalen standen 1973 77 Akut-Betten
je 10.000 Einwohner und 1981 92 Betten zur Verfügung. Bei den
psychiatrischen Betten ergeben sich keine Pendelschläge. In
Nordrhein-Westfalen bleibt die Gesamtzahl im zehnjährigen Zeitraum unverändert (14 je 10.000 Einwohner), während sich die
Bettenverteilung von 19 auf 11 je 10.000 Einwohner in Bayern
reduziert. Als Fazit muß dies klargestellt werden: trotz amt-
licher Darstellung, daß Betten abgebaut wurden, was realiter
in gewisser Weise auch geschehen ist, wurden in diesem Zeitraum
mehr Betten in die nach dem KHG gesicherte staatliche Förderung
aufgenommen, als früher gefördert wurden. In anderen Worten: der
durch das KHG geschaffene Anreiz zur staatlichen Förderung wurde
in den meisten Bundesländern voll ausgeschöpft.

Entwicklung der Zahl der nach dem KHG geförderten Planbetten nach Ländern (insgesamt und nach Akut-Betten)

Länder	Geförderte Planbetten insgesamt				Geförderte Planbetten in Akutkrankenhäuser			
	Anzahl		je 10.000 Einwohner		Anzahl		je 10.000 Einwohner	
	1973	1981	1973	1981	1973	1981	1973	1981
Schleswig-Holstein	13.471	12.542	53	48	10.951	12.171	43	46
Hamburg	17.470	14.599	99	89	15.630	13.143	88	80
Niedersachsen	44.236	60.583	61	83	42.000	53.878	58	74
Bremen	8.570	9.425	116	136	7.474	8.240	101	119
Nordrhein-Westfalen	155.677	180.351	91	106	132.000	156.356	77	92
Hessen	44.644	47.935	81	85	44.644	47.935	81	85
Rheinland-Pfalz	27.222	29.576	74	81	24.708	26.922	67	74
Baden-Württemberg	66.951	61.506	74	66	62.790	55.191	69	59
Bayern	82.564	95.087	76	87	71.691	83.662	66	76
Saarland	10.686	8.805	96	83	9.386	7.997	84	75
Berlin	34.396	32.003	168	169	29.163	27.602	142	146
Bundesgebiet	512.138	552.412	85	90	440.675	485.246	73	79

Quelle: Bundesministerium für Arbeit und Sozialordnung (hektographiert) BMA Va 6: B 1. 16.März 1983.

Entwicklung der Zahl der nach dem KHG geförderten Psychiatrischen Betten (Planbetten) nach Ländern

	Geförderte Planbetten im psychiatrischen Bereich			
	Anzahl		je 10.000 Einwohner	
	1973	1981	1973	1981
Schleswig-Holstein	2.520	371	10	1,4
Hamburg	1.840	1.456	11	9
Niedersachsen	2.236	6.705	3	9
Bremen	1.096	1.185	15	17
Nordrhein-Westfalen	23.677	23.995	14	14
Hessen	9.762	7.851	17	14
Rheinland-Pfalz	2.514	2.654	7	7
Baden-Württemberg	4.161	6.315	5	7
Bayern	10.873	11.425	10	11
Saarland	1.300	808	12	8
Berlin	5.233	4.401	26	23
Bundesgebiet	71.463	67.166	12	11

Quelle: Bundesministerium für Arbeit und Sozialordnung (hektographiert) BMA Va 6 Bl. Bonn, 16. Mai 1983.

Ärzte und Betten in Akutkrankenhäusern am 1.1.1975
in Städten mit mehr als 300 000 Einwohnern

Stadt	Bevölkerung	Akut-kranken-häuser	Plan-mäßige Betten	Einwohner je Bett	Ärzte	Einwohner je Arzt
Berlin (West)	2 023 987	75	25 209	80	3 825	529
Hamburg	1 733 802	53	16 533	105	2 713	639
München	1 323 434*	68	14 241	93	2 927	452
Köln	825 792	25	9 288	89	1 367	604
Essen	665 354	15	6 662	100	920	723
Frankfurt/M.	659 943*	22	8 387**	77	1 314	449
Dortmund	628 198	15	5 498	114	527	1 192
Düsseldorf	618 517	17	6 321	98	1 167	530
Stuttgart	613 263	46	7 525	81	914	671
Bremen	579 430	18	6 077	95	667	869
Hannover	562 951	28	6 980	81	998	564
Nürnberg	509 813*	14	4 407	116	505	1 010
Duisburg	428 594	12	4 518	95	386	1 110
Wuppertal	405 144	6	3 220	126	350	1 158
Bochum	335 867	10	3 871	87	335	1 003
Gelsenkirchen	327 591 6	11	3 659	90	274	1 196
Mannheim	320 508*	8	3 596	89	439	730
17 Städte	12 562 188	443	135 992	92	19 628	639
Bundesge-biet insg.	61 991 500	2 295	486 326	127	58 430	1 061

* 31.12.1974
** Planmäßige Betten (8.294) gem. den geltenden Richtlinien und sonstige
ständig aufgestellte Betten (93), ohne Betten für Neugeborene und
Notbetten
Abgedruckt in: Statistische Monatshefte, hrsg. vom Statistischen Landesamt
Bremen, 29. Jg., 7, 1977, 172.

7.1.7. Fachrichtungen

Die Krankenhausbedarfsplanung in Bayern ging 1977 von 15 und
seit 1977 von insgesamt 18 Fachrichtungen aus, die in den Fortschreibungen des KBP berücksichtigt sind. Wie schon berichtet,
sind nur 6 Fachrichtungen (Psychiatrie, Dermatologie und Venero-
logie, Neurologie, Neurochirurgie, Kinderchirurgie und die Behandlung von Infektionskrankheiten bei Kindern) in Krankenhäusern der 1. Versorgungsstufe nicht vertreten.

Für ganz Bayern unterstreicht ein Vergleich der ersten mit der
achten Fortschreibung aus dem Jahr 1981 die Schwerpunktbildung
auf neu förderungsfähige Fachrichtungen. Insgesamt sollen 135
mal Fachrichtungen seit 1974 neu in den KBP aufgenommen und 19
mal Fachrichtungen ausgeschieden sein. Ein ähnlicher Trend läßt
sich auch in den Untersuchungsgebieten nachvollziehen.

Die Krankenhausbedarfsplanung in Nordrhein-Westfalen ging 1967
von 18, seit 1971 von 19 und seit der letzten Fortschreibung
mit Stand vom 31.12.1980 von 20 Fachrichtungen aus. Die Differenz zu Bayerns 18 Fachrichtungen ergibt sich durch die separate
Ausweisung des Faches Geriatrie und Nuklearmedizin. Darüber
hinaus werden die großen Fächer wie Chirurgie und Innere Medizin
aufgegliedert in zahlreiche Subspezialisierungen. Inwieweit
diese Unterschiede rein formale, im Plan abgedruckte oder auch

tatsächlich vollzogene sind, kann hier nicht beantwortet werden.
Doch wird deutlich, daß die Anpassung der Planung durch Aufnahme
neuer medizinischer Teilgebiete in die Förderbedingungen auch
eine Anerkennung der neueren Entwicklung in der medizinischen
Praxis ist. Auf die geringfügigen Veränderungen in der prozentualen Zuordnung aller Betten nach Fachrichtungen in Nordrhein-
Westfalen im Zeitraum von 1967 bis 1985 auf der Grundlage des
KBP von 1979, die man als Planungseffekte interpretieren könnte,
wird noch eingegangen. Seit der Fortschreibung im Jahr 1980
dürfte eine noch stärkere Auffächerung und Ausdifferenzierung
der Bettenzuordnung nach Fachrichtungen erfolgt sein.

In beiden Ländern ist die Aufzählung von Fachabteilungen im KBP
nicht gleichbedeutend mit der Anerkennung von Fachabteilungen
im Rahmen der Eingruppierung der Krankenhäuser in struktur- und
leistungsgleiche Gruppen zur Pflegesatzermittlung nach der BPflV
(§ 11 Abs. 1 und 2). Für diesen Zweck müssen zusätzliche Voraussetzungen erfüllt sein, die bundesrechtlich festgelegt sind.

7.1.8. Fachprogramme

Neben den regulären Schwerpunkten der Krankenhausbedarfsplanung
wurden in beiden Ländern ergänzende Versorgungszentren geschaffen, die integraler Bestandteil der Bedarfsplanung sind und im
Rahmen der Krankenhausförderung nach dem KHG bzw. dem Bay.KrG.
und dem KHG.NW. gefördert werden (StMAS, 1983, 3). Bayern hat
im Rahmen der Krankenhausbedarfsplanung drei Fachprogramme aufgenommen und gefördert:

1. ein Dialyseversorgungsplan, der Versorgungsmöglichkeiten
   unterschiedlicher Art zur Verfügung stellt:

   - stationär oder halbstationär in 49 Krankenhäusern mit
     insgesamt 516 Plätzen
   - ambulant in 17 Dialysezentren mit 300 Plätzen
   - ambulant in 12 Arztpraxen mit 133 Plätzen und
   - 370 Heimdialyseplätze;

2. ein Fachprogramm "Luftrettung in Bayern, Ausbau von Hub-
   schrauberlandeplätzen". Dadurch werden insgesamt 81 Rettungs-
   hubschrauberlandeplätze an bayerischen Krankenhäusern, davon
   22 mit zusätzlicher Landemöglichkeit während der Nacht,
   bereitgestellt und gefördert;

3. ein Programm für die stationäre Versorgung und Rehabilitation
   von Schlaganfallpatienten und Schädel-Hirnverletzten. Ein
   erstes Rehabilitations-Zentrum wurde 1983 im Städtischen
   Krankenhaus München-Bogenhausen in Betrieb genommen. Geplant
   ist je ein Zentrum in den 7 bayerischen Bezirken.

Nordrhein-Westfalen weist folgende komplementäre Schwerpunkte
der Krankenhausbedarfsplanung auf: Nephrologie und Rheumatologie
sowie Rehabilitation chronisch Kranker und multimorbider geria-
trischer Patienten durch Einrichtung von Abteilungen für kli-
nische Geriatrie. Onkologische Zentren bzw. Subzentren sollen
die onkologische Versorgung flächendeckend anbieten, wobei die
entsprechenden Einzugsgebiete nicht deckungsgleich mit denen der
16 Versorgungsgebiete sind. Es bestehen 7 Zentren für Thorax-
und Kardiovaskular-Chirurgie. Zusätzlich gibt es noch Zentren
bzw. Betten für die Versorgung von Schwer- und Schwerstver-
brannten in den beiden Landesteilen Rheinland und Westfalen
(MAGS, 1980, 22-24).

7.1.9. Medizinische Hochschulen

Obwohl die Hochschulbauförderung in der Untersuchung ausgeblendet war, gibt es bei der Krankenhausbedarfsplanung zahlreiche
Berührungspunkte zwischen den Hochschulkliniken und den Allgemeinkrankenhäusern. Wie stark diese Verkoppelung zwischen beiden
Bereichen ist, zeigen die zahlreichen Nutzungsverträge, durch
die Lehrkrankenhäuser an vorhandene medizinische Hochschulen
angeschlossen sind. In Nordrhein-Westfalen sind 59 Lehrkrankenhäuser an die 6 medizinischen Hochschulen des Landes und in
Bayern 31 Krankenhäuser an die 4 medizinischen Hochschulen angeschlossen (StMAS, 1981, 59; Mibla.KG.NW., 1978, 4-5).

Die stationäre Versorgung in München und Düsseldorf ist gekennzeichnet durch diese Ressourcen- und Kapazitätenkoppelung, die
sowohl durch die Krankenhausbedarfsplanung expressis verbis als
auch durch Entwicklungen in sehr unterschiedlichen Gebieten, die
außerhalb des steuerbaren Bereichs des KHG und der dort ver-
ankerten Krankenhausförderung liegen, definiert und entschieden
wurden. Empirische Studien zu diesen Verflechtungen in Bayern
und Nordrhein-Westfalen sind unbekannt. Doch müßte dieser Komplex näher untersucht werden, um abschließende Aussagen einmal
über die Breitenwirkung von Krankenhausbedarfsplanung machen zu
können, und zum anderen darüber, ob Krankenhausbedarfsplanung
als independentes Steuerungsinstrument oder aber als Steuerungs-
objekt konzipiert werden muß.

7.1.10. Maßnahmearten

Ein Feinvergleich der Bedeutung von Maßnahmen in Bayern und
Nordrhein-Westfalen ist wegen der Ungenauigkeit der Begriffe
Maßnahme und Baumaßnahme und der Heterogenität der Zwecke, für
die Fördermittel bereitgestellt wurden, weder sinnvoll noch aus-
sagekräftig. Dennoch vermittelt ein Grobvergleich der Maßnahmen,
die seit 1974 in den entsprechenden JKBPen ausgewiesen waren,
interessante Einblicke in die nicht ganz unabhängige Schwerpunktbildung in beiden Ländern. Erkennbare Unterschiede bestehen
zwischen Bayern und Nordrhein-Westfalen und zwischen städtischen
und ländlichen Versorgungsgebieten.

Maßnahmen beziehen sich auf recht unterschiedliche Zwecke ange-
fangen von Neu-, Erweiterungs- und Umbauten, der Errichtung von
Intensivstationen, nephrologischen Abteilungen, Nachsorgeklini-
ken, Notaufnahme- und Unfallaufnahmeräumen, Pathologien, Tele-
Kobalt-Bestrahlungsanlagen, bis hin zur Errichtung einer
Isotopendiagnostik, Verbesserungen im OP-Bereich und ähnlichem
mehr. Zwei Unterschiede in der Aktzentsetzung, die über termino-
logische Aspekte hinausgehen, fallen auf: die relativ häufige
Erwähnung von Sanierungsarbeiten in Bayern und die viel häufigere Erwähnung der Errichtung von Intensivstationen in den nordrhein-westfälischen Untersuchungsgebieten als in den bayerischen
Gebieten. Intensivstationen sind bekanntlich nur dort notwendig,
wo operative Kapazitäten vorhanden sind.

Ein Versuch, diese Unterschiede zu erklären, führt zu den Ausgangsthesen vom Einfluß des sozio-ökonomischen, des siedlungs-
und erwerbsstrukturellen Umlands zurück, dessen Niederschlag in
den bestehenden Krankenhausinfrastrukturen und -leistungskapa-
zitäten und auch bei der Krankenhausbedarfsplanung zu finden
ist. Verdichtungsräume mit hoher Arbeitsintensivität, zahlreichen und breitgefächerten Industrien und Wirtschaftssektoren
und entsprechend heterogenen Risikogruppen, die unterschiedliche
Bevölkerungs-, Alters- und Erwerbsgruppen umfassen, erfordern
ein breitangelegtes Leistungsspektrum und eine hochdifferen-
zierte Spitzenversorgung in Ergänzung zur Grundversorgung, der
erweiterten Grundversorgung und der Fachversorgung. Umgekehrt
ermöglichen die genannten Rahmenbedingungen erst die Leistungs-
und Funktionstüchtigkeit diagnostischer, operativer und therapeutischer Ressourcen und Kapazitäten. Ihre Konzentration im
Münchener und Düsseldorfer Raum, für die zahlreiche Maßnahmen
ausgewiesen waren, kam deswegen kaum als Überraschung, wie auch
ihr Mangel in strukturschwachen, ländlichen Gebieten keine war.

Räumliche Disparitäten in den Krankenhausinfrastrukturen und
der stationären Versorgung bestanden ohne das Instrument der
Krankenhausbedarfsplanung in den 50er und 60er Jahren. Sie bestehen mit dem vermeintlichen Lenkungsinstrument der Krankenhausbedarfsplanung auch weiterhin, wie dies durch die räumliche
Verteilung von Versorgungsstufen bzw. medizinischen Spezialisierungen und Subspezialisierungen bei praktisch unveränderten
Krankenhausstandorten belegt wird. Angesichts der Zielvorstellungen des KHG, eine flächendeckende Versorgung in allen Regionen zu gewährleisten, stellt sich in der Tat die Frage, ob diese
Disparitäten im 30 jährigen Zeitraum größer oder kleiner wurden.
Diese Frage läßt sich keineswegs eindeutig bejahen oder ver-
neinen. Wir wissen, daß seit den 50er Jahren eine starke Bevöl-
kerungsabwanderung von strukturschwachen Gebieten in Verdichtungsräume stattgefunden hat. Gleichzeitig wurden zahlreiche
Versuche unternommen, Defizite in der stationären Versorgung
durch Komplementärprogramme zu überbrücken, und auch durch die
ambulante Versorgung und die Heranziehung von belegärztlicher
Tätigkeit zu ergänzen. Solange es keine exakten Kriterien gibt,
wie diese Maßnahmen gegeneinander aufzurechnen sind und ob sie
dazu beitrugen, räumliche Ungleichheiten auszugleichen, eignen
sie sich kaum als Grundlage für eine endgültige Beurteilung,
daß die Krankenhausbedarfsplanung diese räumlichen Disparitäten
relativ vergrößert habe. Es ist auch nicht nachvollziehbar,
welche Entwicklung in der stationären Versorgung gänzlich ohne
Planung eingetreten wäre.

Diese Versorgungsunterschiede in den Verdichtungsräumen und
in peripheren, strukturschwachen Räumen erklären deutlich die
unterschiedliche Akzentuierung in Bayern und Nordrhein-Westfalen. Der zweifelsohne in Nordrhein-Westfalen schon vor dem
Inkrafttreten des KHG bestehende Vorsprung an neueren Krankenhausinfrastrukturen, Ressourcen und an Bevölkerung bleibt konstant und verschiebt sich räumlich und zeitlich in die Zukunft.
Ebenso unverändert bleiben die Voraussetzungen bei und für die
Planung in Bayern. In beiden Ländern haben die Planer auf diese
unterschiedlichen Rahmenbedingungen und auf Veränderungen in der
Landesentwicklungsplanung und auf geographische Gegebenheiten
und demographische Umschichtungen reagiert. Dort, wo die Planung
anfänglich ihre eigenen Zielvorstellungen von noch stärkerem
Konzentrationsprozeß in größere Häuser in Verdichtungsräumen zum
Nachteil ländlicher Gebiete durchsetzen wollte, wurden diese
teilweise durch politische Mobilisierung der örtlich und regional Betroffenen und teilweise durch restriktive Geldressourcen
konterkariert. Sozio-ökonomische Rahmenbedingungen wurden und
konnten durch die Krankenhausbedarfsplanung nicht verändert
werden.

Andererseits besteht kein Zweifel daran, daß die durch das KHG
und durch das KHKG möglich gewordenen Entscheidungen zur Förderung und Planung der stationären Versorgung diese Differenzen
in den Ausgangslagen nachhaltigst unterstützt haben, die umgekehrt in Zukunft weitere Konzentrationsschübe in die Verdichtungsgebiete auslösen dürften. Dies um so mehr, als gegenwärtig
praktizierte Krankenhausbedarfsplanung 'erfolgreich' sein wird
dadurch, daß Versorgungskapazitäten außerhalb der Großeinrich-
tungen und der Verdichtungsgebiete aus Kostengründen abgebaut
werden und zukünftige Lösungsstrategien zur Finanzierung von
Investitionen und der stationären Versorgung sich vorwiegend
von ökonomischen Gesichtspunkten leiten lassen. Generell muß
mit einem stärkeren Versorgungsdruck in den Verdichtungsräumen
gerechnet werden, der auch durch neue Modalitäten wie etwa dem
Bayern-Vertrag wenig wahrscheinlich aufgehalten wird, denn diese
Entwicklungs- und Konzentrationsprozesse werden durch Faktoren
bestimmt, die hauptsächlich außerhalb der Einflußsphäre und der
Wirkungslinien des Bayern-Vertrags und ähnlicher Alternativ-
lösungen liegen.

7.1.11. Entwicklungen in den Untersuchungsgebieten: 1955-1975

Ungeachtet der Unterschiede in der Bevölkerungszahl, Siedlungsdichte, Erwerbsstruktur und entsprechend unterschiedlichem Bedarf an klinischen Versorgungseinrichtungen ist die Summe der
Krankenhäuser in beiden Bundesländern erstaunlich ähnlich im
Jahr 1955. Seither treten Veränderungen in der Gesamtzahl und
in der Unterteilung in Akut- und Sonderkrankenhäuser ein. In
Bayern nimmt die Gesamtzahl der Häuser zunächst zu, um dann nach
1965 abzuflachen. Hingegen steigt die Bettenzahl kontinuierlich
von 1955 bis 1975. Nach Angaben der Krankenhausplaner müßte nach
1975 der Trend nach unten beginnen. Es bestehen jedoch zahlreiche Schwierigkeiten, die Angaben in den KBPen mit den jährlichen Berichten über das Gesundheitswesen stimmig zu machen.
Deswegen beschränkt sich die nachfolgende Darstellung zunächst
auf den zwanzigjährigen Zeitraum von 1955 bis 1975, wobei jeweils ein Interesse nur an den Angaben für 1955, 1965 und 1975
besteht. Angesichts der Tatsache, daß Krankenhäuser sowie Betten
langfristige Güter sind, dürften Veränderungen zwischen den
jeweils 10jährigen Zeiträumen den Hauptbefund, daß es sich um
eine relativ homogene Entwicklung handelt, nicht in Frage
stellen.

In beiden Bundesländern verändert sich die jeweils historische
Zusammensetzung der Krankenhausversorgungsstrukturen nach
Trägerschaft nicht. Geringfügige Veränderungen gehen meist auf

eine Schließung zurück. Veränderungen in der Verteilung der
Betten auf Häuser in öffentlicher, freigemeinnütziger und privater Trägerschaft bleiben unter der 5 %-Marke. Im Zeitraum
nach 1972 bis zur Gegenwart ergeben sich geringfügige Veränderungen in der Bettenverteilung nach Trägerschaft, und zwar in
Richtung der jeweils dominierenden Träger. In Bayern verschiebt
sich das Schwergewicht weiter in Richtung öffentliche Krankenhäuser, während es sich in Nordrhein-Westfalen zugunsten der
freigemeinnützigen Häuser auswirkt, obwohl gerade sie von
Schließungen betroffen waren. Bei einer endgültigen Bereinigung
der tatsächlichen Werte im Zeitraum von 1955 bis zur Gegenwart
müßten diese Veränderungen berücksichtigt werden.

Über einen 20-Jahreszeitraum sind für **Bayern** folgende Veränderungen zu verzeichnen: absolut stieg die Zahl der Krankenhäuser
zunächst von 799 (1955) auf 812 (1965), um dann auf 772 (1975)
zurückzugehen, während sich die Bettenzahl von 1955 bis 1975
kontinuierlich steigerte, und zwar von 94.585 auf 128.976. Von
den 799 Krankenhäusern waren 629 für die Akutversorgung der
Bevölkerung vorgesehen. Sie hielten 70.501 Betten bereit, während in 170 Sonderkrankenhäusern 25.084 Planbetten zur Verfügung
standen.

20 Jahre später, im Jahr 1975, standen insgesamt 128.976 Betten
bereit: 82.745 Betten in 494 Krankenhäusern für die Akutversorgung und 46.231 in 278 Sonderkrankenhäusern. Zusammenfassend:
von 1955 - 1975 wurde die Bettenzahl in Bayern insgesamt gesteigert, und die Zahl der Akutkrankenhäuser ging von 639 auf
494 zurück. Zugunsten der Sonderkrankenhäuser stieg die Bettenzahl in diesen 20 Jahren von 24.084 (1955) auf 46.231 (1975).

In **Nordrhein-Westfalen** ging von 1955-1975 die Zahl der Krankenhäuser zurück, und zwar von 796 (1955) über 768 (1965) auf 709
(1975), während die Zahl der planmäßigen Betten deutlicher an-
stieg. Von 1955 - 1965 nahm die Bettenzahl um 5.079 Betten zu.
In den folgenden 10 Jahren bis 1975 verdichtete sich die Zu-
wachsrate, so daß 1975 185.341 Betten in 709 Krankenhäusern
zur Verfügung standen. Bei dieser Zahl für 1975 handelt es sich
um Angaben für zugelassene betriebene Betten, tatsächlich
betrieben wurden noch zusätzlich 13.295, so daß 1975 insgesamt
198.636 Betten bereitstanden.

Die amtliche Terminologie ändert sich: 1956 wurden in Nordrhein-
Westfalen Krankenanstalten unterteilt in allgemeine und in Fach-
anstalten, 1966 wurden Krankenhäuser in Akut- und Sonderkrankenhäuser unterteilt, ab 1975 erfolgte eine Aufteilung in Allgemeinkrankenhäuser (früher Akut-Krankenhaus) und Sonderkranken-

häuser. In Zahlen ausgedrückt, die Zahl der Akutkrankenhäuser
stieg von 1955 - 1965 von 575 auf 632, während die Zahl der
Sonderkrankenhäuser im gleichen Zeitraum von 221 auf 136 sank.
Umgekehrt verlief die Entwicklung dann von 1965 - 1975: die
Sonderkrankenhäuser nahmen um 35 zu auf 171, die Zahl der Akut-
oder Allgemeinkrankenhäuser verringerte sich um 94 bis auf 538.

538 Allgemeinkrankenhäuser hielten 1975 in Nordrhein-Westfalen
267 zugelassene Betten pro Krankenhaus, 171 Sonderkrankenhäuser
243,8 zugelassene Betten pro Krankenhaus bereit. Tatsächlich
betrieben wurden jedoch 271,4 Betten pro Allgemeinkrankenhaus
und 307,8 Betten pro Sonderkrankenhaus.

Angaben über Veränderungen in den 7 bayerischen Regierungsbezirken weisen auch dort darauf hin, wie ähnlich und bescheiden
Veränderungen in den Regierungsbezirken Oberpfalz und Oberbayern
waren. Allerdings ist der Zeitraum, für den Zahlen vorhanden
sind, erheblich kürzer. Von insgesamt 132 im Jahr 1974 statistisch als vollgeförderte Häuser ausgewiesenen Krankenhauseinrichtungen in Oberbayern werden im Jahr 1981 nur noch 123 aufgeführt. In der Oberpfalz kommt ein öffentliches Krankenhaus
hinzu. Jeweils 1 Haus in freigemeinnütziger und privater Trägerschaft wird nicht mehr erwähnt. (StMAS, 1974; 1981). Der Verlust
von 3 öffentlichen Häusern in Oberbayern seit 1974 bewirkt eine
Bettenreduktion von 331 Betten. Der Bau eines Hauses in öffentlicher Trägerschaft in der Oberpfalz zieht eine geringfügige
Steigerung der Verteilung der Betten zugunsten der öffentlichen
Häuser nach sich. Entsprechend sinken auch die Bettenzahlen für
den freigemeinnützigen und den privaten Sektor in der Oberpfalz
in diesem Zeitraum.

Ob andere Häuser geschlossen wurden oder aber aufgrund der
rechtlichen Definition des KHG förderungsfähig wurden, ist
keineswegs auszuschließen, denn die Zahl der teilgeförderten
Häuser nimmt überraschend um 6 Häuser von 1974 bis 1981 in Oberbayern und um 1 Haus in der Oberpfalz zu. Zu den teilgeförderten
Häusern gehören Nervenkrankenhäuser, Fachkrankenhäuser für
Suchtkranke und sonstige, nicht näher beschriebene Häuser.

Die Zahl der Krankenhäuser in München stieg 1965 - 1975 um je
2 Häuser in öffentlicher und privater Trägerschaft, die Bettenzahl im gleichen Zeitraum um insgesamt 2.980 Betten. Prozentual
verteilt sich die Zahl der Planbetten bis 1975 auf 65,8 % in
öffentlichen Häusern (+ 1,4 % seit 1965), 14,8 % in privaten
Häusern (+ 0,5 %) und 19,4 % in freigemeinnützigen Häusern
(-1,9 %).

In den ausgewählten **Landkreisen** Cham, Schwandorf und Neustadt a.d.Waldnaab mit kreisfreier Stadt Weiden i.d.Opf. wurde die Bettenkapazität von 1965 - 1975 gesteigert, und zwar in allen 3 genannten Landkreisen in Kliniken in öffentlicher und privater Trägerschaft. Im Bereich der freigemeinnützigen Häuser war von 1965 - 1975 ebenfalls eine Kapazitätensteigerung bei gleichgebliebener Anzahl der Krankenhäuser im Landkreis Schwandorf zu verzeichnen, während im Landkreis Cham innerhalb dieser Dekade eine Bettenzahlverringerung von 199 auf 150 erfolgte.

In **Düsseldorf** erhöhte sich von 1955 - 1965 die Zahl der Krankenhäuser um 3 auf insgesamt 25, die Zahl der Planbetten im gleichen Zeitraum um lediglich 133 (= 1,9 %). Weitere 10 Jahre später verzeichnete das Landesamt für Datenverarbeitung und Statistik für 1975 nur noch 21 Krankenhäuser in Düsseldorf, die jedoch 1.374 mehr planmäßige Bettenkapazität bereithielten. Das entspricht einer Steigerung von 19,6 %.

Anders als in den ausgewählten Landkreisen Bayerns bestanden 1974 in den **Landkreisen Olpe, Siegen und Hochsauerlandkreis** mehr freigemeinnützige Häuser als Einrichtungen in öffentlicher Trägerschaft. In Olpe und Siegen stellten sie auch deutlich mehr Planbetten bereit (Olpe 687 Betten = 75,4 %; Siegen 1.596 Betten = 49,4 %), lediglich im Hochsauerlandkreis unterschreiten sie mit einer Differenz von 147 Betten = 2,9 % knapp die Zahl der öffentlichen Häuser. Im Landkreis Siegen bestanden zudem 8 private Krankenhäuser, die 26,1 % Planbetten bereithielten, mehr sogar als öffentliche Krankenhäuser.

Im Hochsauerlandkreis verringerte sich von 1955 - 1975 die Zahl der Krankenhäuser von 28 auf 23. Die Bettenzahl stieg zunächst von 4.394 (1955) auf 4.538 (1965), um dann wieder geringfügig abgebaut zu werden auf 4.478 (1975). Auch im Landkreis Olpe ging die Zahl der Häuser insgesamt von 1955- 1975 zurück von 8 auf 4. Hinzu kommt jedoch noch ein Sonderkrankenhaus mit 166 tatsächlich betriebenen, aber nicht zugelassenen Betten.

Im Landkreis Siegen stieg die Zahl der Krankenhäuser von zunächst 7 (1955) auf 12 (1965) und wurde für 1975 mit 11 Häusern angegeben. Allerdings bestanden 1975 darüber hinaus noch weitere Sonderkrankenhäuser mit 115 zugelassenen betriebenen Betten (tatsächlich betrieben wurden von ihnen sogar 1073 Betten), die hier jedoch nicht mitgezählt sind, da aus den Daten eine Zuordnung der Anzahl der zugelassenen betriebenen Betten zur Zahl der Sonderkrankenhäuser, in denen sie stehen, nicht möglich ist. Ohne die genannten 7 Sonderkrankenhäuser standen 1975 in Siegen mit 2.042 Planbetten 623 mehr als 1965 und 1.176 mehr Betten als 1955 zur Verfügung.

7.1.12. Ergebnisse der Krankenhausbedarfsplanung in den
Untersuchungsgebieten: 1972 - 1983

51 von insgesamt 73 Krankenhäusern in der Planungsregion München
mit 79 % aller förderungsfähigen Betten werden in der Landeshauptstadt betrieben, ebenso wie sämtliche Häuser der 3. Versorgungsstufe. Differenziert man die Verteilung der Betten in
Krankenhäusern nach Trägerschaft, so entfallen etwa 70 % aller
Betten auf öffentliche, 17,5 % auf freigemeinnützige und 13 %
auf private Träger. Diese betreiben vorwiegend Fachkrankenhäuser, während die Versorgung mit Allgemein- und Ergänzungs-
krankenhäusern fast ausschließlich von öffentlichen und freigemeinnützigen Einrichtungen getragen wird.

Im Jahr 1981 standen für die Versorgung der rund 1,3 Millionen
Einwohner der Stadt und schwerpunktmäßig für die Bewohner der
Region insgesamt 15.153 Betten zur Verfügung, die sich wie folgt
verteilten (Genzel, 1981, 331) auf:

- 31 private Krankenhäuser   mit 2.160 Betten
- 16 freigemeinnützige Häuser   mit 2.999 Betten
- 13 staatliche Kliniken   mit 4.487 Betten
- 7 städtische Häuser   mit 4.603 Betten
- 2 Kreiskrankenhäuser   mit   688 Betten
_ 4 Bezirkskrankenhäuser   mit   216 Betten.

Obwohl die Bevölkerung von München zurückgegangen ist, wird
damit gerechnet, daß sich im Umland von München die Bevölke-
rungszunahme bis zum Jahr 1990 um rund 260.000 Einwohner auf
einen verstärkten Bedarf an stationären Versorgungsleistungen
der 3. Versorgungsstufe auswirken wird, d.h. auf die städtischen
Häuser und die Universitätskliniken.

Was hat die zehnjährige Krankenhausbedarfsplanung für den Raum
München bewirkt? Nach einem Vergleich der KBPe von 1974 und 1981
blieben die Versorgungsstrukturen in vollgeförderten Krankenhäusern im Raum München relativ konstant. Vier Krankenhäuser
gehörten im Jahr 1974 zur 3. Versorgungsstufe, die auch heute
noch die Spitzenversorgung überregional, ja zum Teil bundesweit,
abdecken. Zwei Häuser gehörten im Jahr 1974 der 2. Versorgungsstufe an und sind weiterhin als solche eingestuft. 7 Häuser
betrieben die Grundversorgung und gehörten damals wie heute der
1. Versorgungsstufe an. 16 Häuser wurden dem Ergänzungsbedarf
zugerechnet, davon 2 in öffentlicher, 4 in freigemeinnütziger
und 10 Häuser in privater Trägerschaft. Von den Fachkliniken

sind 2 in öffentlicher, 5 in freigemeinnütziger und die übrigen
in privater Trägerschaft. In den Fachkliniken werden hauptsächlich betrieben: Gynäkologie/Geburtshilfe, Chirurgie, Innere,
Augen, Orthopädie und HNO.

Im Zeitraum von 1974 bis 1981 wurden im KBP etwa 16 Veränderungen in den Fachrichtungen vorgenommen, davon wurden 9 Fachrichtungen im KBP neu aufgenommen, 7 im Jahr 1974 anerkannte
Fachrichtungen wurden gestrichen. Veränderungen in der Trägerschaft gab es keine. Doch ist bei den Privatkliniken ein
Wechsel des Besitzers und die Schließung von 2 oder 3 Privatkliniken nicht ausgeschlossen. Welche und wieviele Vorbehalte
bei den einzelnen Versorgungsstufen ausgesprochen wurden, geht
aus den KBPen nicht hervor.

Die großen Streichaktionen im Bereich der städtischen Krankenhäuser könnten zu einer fehlerhaften Schlußfolgerung führen,
wenn nicht berücksichtigt wird, daß das neue Städtische Krankenhaus München-Bogenhausen einen Großteil der in den alten Häusern
zur Verfügung stehenden Betten (1.050 von 1.300) ersetzt hat.
Die restlichen Bettenreduktionen sind auf wenige Betten hier
und da begrenzt. Nur das Städtische Krankenhaus München-Neuper-
lach wurde aufgestockt. Andere Veränderungen, die sich aus dem
Vergleich der KBPe aus 1974 und 1981 ergeben, sind zu geringfügig, als daß sie hier aufgeführt werden sollen. Von den 36
teilgeförderten Krankenhäusern mit insgesamt 12.072 Betten in
Bayern stehen 16 im Regierungsbezirk Oberbayern mit 3.762 Betten
oder etwas weniger als 1/4 aller Betten (StMAS, 1983, 72).

Im Jahr 1974 wurden von den 23 in der Region Oberpfalz-Nord
bestehenden Akutkrankenhäusern (mit 3.742 Planbetten) in den
KBP 12 Häuser (mit 2.984 Betten) ohne Einschränkung, 2 Häuser
(mit 252 Betten) mit Vorbehalt und 6 Häuser (mit 437 Betten) nur
befristet bis zur Sicherstellung der Krankenhausversorgung im
jeweiligen Gebiet aufgenommen. Darüber hinaus bestanden noch 2
Sonderkrankenhäuser. Von den 23 Akutkrankenhäusern sind nur 2
Häuser mit mehr als 600 Betten in Arnsberg und Weiden i.d.Opf.
der 2. Versorgungsstufe zugeordnet. Größere Krankenhäuser mit
200-300 Betten und mehreren Fachrichtungen stehen in Schwandorf
und Tirschenreuth sowie in Sulzbach-Rosenberg. Ausbau- und/oder
Sanierungsmaßnahmen wurden außerdem an den Krankenhäusern in
Eibendorf, Neustadt a.d.Waldnaab, Vohenstraußen und Waldsassen
vorgenommen. In der Region Regensburg bestanden im Jahr 1974
33 Akutkrankenhäuser. 9 von ihnen waren in Fachrichtungen gegliedert, 5 waren Fachkliniken und 5 Sonderkrankenhäuser für

überregionale Aufgaben. Von den 33 Häusern (mit 4.478 Planbetten) wurden 10 (3.172 Betten) ohne Einschränkung in den KBP von
1974 aufgenommen, 9 Häuser (695 Betten) mit Vorbehalt, 5 Häuser
(293 Betten) befristet, und 9 Häuser (318 Betten) wurden nicht
aufgenommen. Von den Sonderkrankenhäusern wurden das Nerven-
krankenhaus Regensburg und das Rheuma-Zentrum Bad Abbach im
KBP aufgenommen.

Der Regierungsbezirk Oberpfalz war vom Bettenabbau genau so
stark betroffen wie der Regierungsbezirk Oberbayern. Umgerechnet auf die Bevölkerung hatten beide prozentual die meisten
Betten. Die gewählten Problemlösungsstrategien der Krankenhausplaner waren Bettenabbau, funktionale Umwandlung und die Aufnahme von neuen Fachrichtungen in den KBP. Anpassung an zentrale
Planungsvorgaben und schrittweise Veränderungen waren die
Reaktion einzelner vom Bettenabbau betroffener Häuser und
Landkreise. Mehrere Landkreise, die von den Planungsentscheidungen, Vermerken und ähnlichem mehr besonders betroffen wurden,
organisierten Widerstand. In vier hier interessierenden Fällen
war diese von allen Parteien getragene Mobilisierung bei der
Staatsregierung über alle zur Verfügung stehenden politischen
und parteipolitischen Mechanismen erfolgreich, denn Vermerke
wurden aufgehoben.

Was und wieviel änderte sich an der Krankenhauslandschaft im
fast zehnjährigen Zeitraum? Wie schon angedeutet, beruht die
Krankenhausversorgung in der Oberpfalz vorwiegend auf Krankenhäusern der 1. Versorgungsstufe (10 davon in öffentlicher und
1 in freigemeinnütziger Trägerschaft). In der Trägerschaft ergeben sich keine Veränderungen. Von 21 Krankenhäusern des Ergänzungsbedarfs im Jahr 1974 wurden im Jahr 1981 noch 17 als dem
Ergänzungsbedarf zugehörig ausgewiesen. In drei Fällen (Neustadt
a.d.Waldnaab, Nabburg und Oberviechtach) wurde der Vermerk
(1974) gestrichen und die betroffenen Häuser 1978 der 1. Versorgungsstufe zugeordnet. In einem Fall wurde ein Haus der Ergän-
zungsstufe in ein Fachkrankenhaus umgewandelt. Vier Häuser sind
der 2. Versorgungsstufe zugeordnet. Neu ist ein Verbund von 2
Häusern in Regensburg, die gemeinsam die 2. Versorgungsstufe
abdecken. Auch in der Oberpfalz ergaben sich keine nennenswerten
Veränderungen in den Anforderungsstufen von 1974 bis 1981.

Die Verminderung der Betten wurde durch eine Reduzierung der
Zahl der geförderten Betten in einzelnen Häusern erreicht. Von
insgesamt 39 Häusern im Regierungsbezirk wurden 13 durch Bettenreduktionen und 4 von Aufstockungen betroffen. Mit Ausnahme von

2 Fällen - in einem mußten 60 und im anderen Fall 70 Betten aus
der KHG-Förderung ausscheiden - reichte die Zahl der abzubauenden Betten von minimal 8 bis maximal 32 Betten. Bei den Aufstockungen reichte die Bandbreite von 8 bis 74 Betten. In zahlreichen Fällen wurden die Fachrichtungen umstrukturiert ähnlich
wie in Oberbayern.

Im Versorgungsgebiet 1 in Nordrhein-Westfalen wurden Ende 1975
41 Allgemeinkrankenhäuser mit 14.800 planmäßigen Betten betrieben. Vier davon waren Privatkrankenhäuser (mit 166 Betten). Die
restlichen Krankenhäuser waren im vorläufigen KBP von 1975 so
eingestuft:

30 Krankenhäuser auf Dauer   mit 13.345 Betten
 7 Krankenhäuser auf Zeit   mit 1.289 Betten.

Von diesen 7 Krankenhäusern, die alle nur auf Zeit aufgenommen
worden waren, waren im KBP von 1979 noch vier ausgewiesen.
Anhand der Bedarfsformel wurde für das Versorgungsgebiet 1 zum
1.1.1985 ein Bedarf von 13.660 Betten errechnet. Der entsprechende Bettenüberhang wurde mit 873 Betten angesetzt.

Für die Stadt Düsseldorf (ohne restliches Versorgungsgebiet)
ergibt ein Vergleich der Krankenhausbedarfspläne von 1973 mit
den prognostizierten Zahlen für 1985 in etwa folgendes:

- keine Veränderung in der Trägerschaft der auf Düsseldorfer
  Raum stehenden 15 Akutkrankenhäuser, davon 1 Haus in der
  Trägerschaft des Landes, 2 in städtischer und die restlichen
  12 Häuser in freigemeinnütziger Trägerschaft
- 1 Umwandlung in eine orthopädische Fachklinik
- 1 Zusammenlegung von 2 Häusern und
- 1 Schließung.

Vergleicht man die Angaben über das Betten-Ist am Ende 1977 mit
dem Betten-Soll für 1985, so sollen ingesamt 186 Betten abgebaut
werden. Im einzelnen ergeben sich Bettenreduktionen in 6 Fällen
von maximal 38 bis minimal 10 Betten. In einem Fall verändert
sich die Bettenzahl nicht. Bei der Zusammenlegung von 2 Häusern
werden insgesamt Betten abgebaut. Größere Veränderungen lassen
sich aus Unterlagen ablesen, die den Zeitraum von 1973 bis 1985
abdecken. Hierbei reicht die Zahl der abzubauenden Betten von
359 in der Universitätsklinik bis zu einem Minimum von 10 Betten
in einem anderen Fall. Die Gesamtzahl der im Zeitraum von 1973
bis 1985 zu reduzierenden Betten beträgt insgesamt 759.

Die vorhandenen Daten lassen einen Vergleich der Umwandlungen
in neue oder andere Fachrichtungen über einen längeren Zeitraum
hinweg nicht zu. Doch vermittelt die Zuteilung von planmäßigen
Betten nach Fachrichtungen in Nordrhein-Westfalen von 1967 bis
1985 und für die Versorgungsgebiete 1, 15 und 16 im Zeitraum
von 1975 bis 1985 einen gewissen Eindruck über mögliche Planungseffekte, die am Betten-Ist von 1975 und dem Betten-Soll von 1985
abgelesen werden können. Die Differenzierung und Spezialisierung
innerhalb bestehender Fachrichtungen ist im Vergleich von 1967
zu 1985 für das Land Nordrhein-Westfalen deutlich zu erkennen:
Steigerungen des prozentualen Anteils an Betten in der Unfall-
chirurgie, Neuro-Chirurgie, Orthopädie, Urologie, Inneren
Medizin und den seit 1975 in den KBP aufgenommenen Teilgebieten
Frauenheilkunde, Geriatrie, Radiologie und Kinderpsychiatrie
und Jugendpsychiartrie insgesamt. Diese Veränderungen treten
besonders in Häusern im Raum Düsseldorf als Zentrum der Spitzenversorgung mit regionaler Bedeutung ein. Mit einer Ausnahme
bewegen sie sich um etwa + 2 % und - 2 %.

Wie die zunehmende Bedeutung einzelner Fachrichtungen zum einen
demographische und epidemiologische und zum anderen diagno-
stische und therapeutische Entwicklungen widerspiegeln, so ist
die Abnahme der Bedeutung einzelner Fächer (Rückgang der
Geburtshilfe und Kinderheilkunde sowie der Tuberkulose) als
Ergebnis therapeutischer Entwicklungen und demographischer Ver-
änderungsprozesse zu sehen. Diese statistisch nachweisbaren
Veränderungen sagen wenig oder überhaupt nichts über den Einfluß
der Planung aus. Es ist keineswegs klar, daß diese erkennbaren
Effekte tatsächlich das Resultat einer prospektiv normativen und
nicht einer retrospektiv pragmatischen Krankenhausbedarfsplanung
ist, das rein zufällige rechnerische Ergebnis des Bettenabbaus
nach der einfachen Formel der reduzierten Finanzressourcen oder
gar das Resultat ganz anderer Entwicklungen in Bereichen, auf die
die Krankenhausbedarfsplanung wenig oder überhaupt keinen Einfluß
hat wie etwa Fortschritte in der medizinischen Diagnostik und
Therapie.

Die Grundsatzdiskussion, die bei der Zielplanbesprechung für das
Versorgungsgebiet 1 aufbrach, gibt wieder, wie sehr historisch
gewachsene Versorgungsstrukturen in ihrem politisch-sozialen
Umfeld die politischen Einflußgruppen der Stadt Düsseldorf mobilisieren konnten. Alle zogen ausnahmslos am gleichen Strang
gegen die Planungsvorschläge des MAGS. Die von dem MAGS unterstellte VD bei der Bedarfsberechnung, wie auch die unterstellte
BN von 85 %, in den Universitätskliniken wurden grundsätzlich in

Zweifel gezogen. Wegen der zusätzlichen Aufgaben zur Forschung
und Lehre könne eine BN von 85 % realistischerweise eigentlich
gar nicht erreicht werden. Vom für die Universitätskliniken zuständigen Ministerium für Wissenschaft und Forschung, das bekanntlich in der Vergangenheit oft in Kontroversen mit dem MAGS
verwickelt war, wurde eine BN von 80 % konzidiert. Doch die
übrigen Sprecher drängten alle darauf, daß eine Annahme von 75 %
BN realistischer sei. Des Pudels Kern dieser Auseinandersetzung
war einfach. Wenn diese Pläne umgesetzt würden, müßten die
übrigen Träger zugunsten der Universitätsklinik Düsseldorf mehr
Betten im Versorgungsbereich der Stadt Düsseldorf abbauen. Bei
einer Annahme von 80 % durften etwa 100 und bei einer Annahme
von 75 % etwa 200 Betten auf den Bedarf nicht angerechnet werden.
Auch in dieser Frage reagierte das MAGS zunächst mit dem klassischen Hinweis auf Methodik und Systematik.

> Eine besondere Schwierigkeit für den Ansatz einer
> niedrigeren Bettennutzung für die Universitätskliniken
> liege darin, daß in allen bisher durchgesprochenen
> Versorgungsgebieten von einer optimalen Nutzung von 85 %
> ausgegangen worden ist (39).

Trotz dieser Grundsatzdiskussion wurde von einer weitgehenden
Übereinstimmung der Stadt Düsseldorf mit den Plänen des MAGS
berichtet. Als Erklärung für so viel Übereinstimmung wurde die
seit geraumer Zeit praktizierte städtische Bedarfsplanung
herangezogen.

Der in Düsseldorf tätige Krankenhausbeirat mit 50 Mitgliedern
hatte eine eigene Kommission gebildet, in der Vertreter der zwei
städtischen Anstalten, der freigemeinnützigen Häuser, der Ärztekammer, des Landesverbandes der Ortskrankenkassen und damals der
drei Parteien vertreten waren. In diesem Gremium sollen nur rein
krankenhausbezogene und keine parteipolitischen Aspekte im Vordergrund gestanden haben. Bei der ungewöhnlich hohen Abhängigkeit der Krankenhausversorgung im Raum Düsseldorf von freigemeinnützigen Häusern hat diese Erklärung Plausibilität. Darüber
hinaus sprachen mehrere Gesprächspartner, die recht unterschiedliche Interessen repräsentierten, von der relativen Harmonie
zwischen den freigemeinnützigen und den öffentlichen Häusern.
Die Frage, inwieweit katholische oder evangelische Häuser sich
gegenseitig Patienten abwerben, wurde zwar als richtige Frage
anerkannt, doch wollte keiner näher darauf eingehen. Bereits im
Jahr 1962 war in Düsseldorf ein freiwilliger Zweckverband der
Düsseldorfer Häuser geschaffen worden, dem die Stadt Düsseldorf

als Träger der 2 städtischen und alle freigemeinnützigen Häuser,
jedoch nicht die Universitätsklinik, angehörten.

Das Versorgungsgebiet 15 liefert ein gutes Beispiel dafür, wie
regionale Besonderheiten sich nachhaltig auf den Inhalt und die
Durchführung der Krankenhausbedarfsplanung und der Zielplanbesprechungen auswirken können. Dort standen nämlich besonders
die geographische und topographische Lage, die Schwierigkeit
einer flächendeckenden Versorgung und die Notwendigkeit, Schwerpunkte in der Krankenhausversorgung zu bilden, bei den Zielplanbesprechungen 1978 im Vordergrund.

Dieses Versorgungsgebiet ist auch deswegen interessant, da sich
anhand dieses Beispiels leicht illustrieren läßt, wie sich in
einem Zeitraum von nur 5 Jahren Perzeptionen vom "objektiven"
Bedarf angesichts begrenzter Finanzmittel wandeln. In den frü-
heren Zielplanbesprechungen im Jahr 1970 und 1973 ging man noch
davon aus, daß in allen Versorgungsgebieten des Landes möglichst
Krankenhäuser aller drei Versorgungsstufen eingerichtet werden
sollten. Die optimale Größe für ein Haus der ersten Versorgungsstufe sollte zwischen 180 und 320 Betten liegen.

Im Zeitraum von 5 Jahren machte das MAGS eine gewisse Kehrtwen-
dung - nicht unbedingt freiwillig - in der Beurteilung der optimalen Größe eines Krankenhauses. Waren Anfang der 70er Jahre
kleine Häuser, d.h. unter 100 Betten, per definitionem gefährdet
- der Hochsauerlandkreis war davon besonders betroffen - , so
räumte der Minister im Jahr 1978 angesichts zunehmenden politischen Drucks nicht nur im Hochsauerlandkreis, sondern in Nordrhein-Westfalen schlechthin ein, daß kein Krankenhaus allein
wegen der Größe aus der Förderung durch die öffentliche Hand
herausgenommen werden würde. Er betonte jedoch auch, daß bürger-
nahe Versorgung nicht zu einer schlechten Versorgung führen
dürfe (KU, 1980, 8000).

Da im Jahr 1970 alle Häuser im Hochsauerlandkreis der 1. Versorgungsstufe angehörten, bemühte man sich, Häuser der 2. Versorgungsstufe in Meschede und Arnsberg einzurichten. Obwohl
Arnsberg als Standort für ein Haus der 3. Versorgungsstufe (mit
über 900 Betten) früher geplant war, wurde dieses Projekt aus
finanziellen Gründen nicht mehr errichtet. Aufgrund dieser Vorgeschichte richtete sich die ganze Aufmerksamkeit des Krankenhausbeirats im Jahr 1978 auf die Errichtung eines Krankenhauses
der 2. Versorgungsstufe im neuen KBP. Die von ihm verabschiedete
Empfehlung für die Zielplanbesprechungen war von allen Partei-

politikern getragen, trotz der SPD-Minderheit in einem CDU-be-
herrschten Kreistag (Kreisverwaltung Hochsauerlandkreis). Auch
nach abgeschlossener Zielplanbesprechung trat der Kreistag nochmals mit einer Resolution an die Öffentlichkeit. Darin bedauerte
er, daß keine Modernisierung und Verbesserung der Bauten bis
1985 durchgeführt werden könnten und daß die seit 1968 geplante
Kinderklinik und die seit 1970 erörterte Einrichtung einer
radiologischen Abteilung als Baustein für ein onkologisches Sub-
zentrum hinausgezögert werden würde. Ganz dezidiert sprach sich
die Resolution gegen die mangelnden kommunalen Mitwirkungsmög-
lichkeiten bei den Zielplanbesprechungen aus (40).

Der Hochsauerlandkreis ist nicht selbst Träger eines Hauses,
sondern diese Resolutionen waren im Interesse der 2 städtischen
und 9 freigemeinnützigen Häuser im Hochsauerlandkreis ausgesprochen worden. Am Stichtag 31.12.1975 gab es im Versorgungsgebiet 15 13 Allgemeinkrankenhäuser (mit 2.378 Betten), nach
diesem Stichtag jedoch nur noch 11 (mit 2.200 Betten). Zwei
Häuser wurden geschlossen. Für 1985 war ein Bettenbedarf von
2.092 Planbetten errechnet worden. Tatsächlich ergab sich ein
Überhang von 63 Betten. Nach einem Vergleich der 1973 zugelassenen Betten und des Betten-Ist im Jahr 1977 mit dem Betten-Soll
für 1985 läßt sich auch in diesem Fall feststellen, wie "wissenschaftlich fundierte" Bedarfsplanung nach dem Motto: "hier ein
Bett mehr, dort ein Bett weniger", durchgeführt wurde. Maximal
31 und minimal 7 Betten müssen abgebaut werden. Dadurch dürfte
kaum ein wirtschaftlicher Kosteneffekt im einzelnen Krankenhaus
erzielt werden, da ohnehin eine Personal- und Apparate-Infra-
struktur vorzuhalten ist.

Das Versorgungsgebiet 16 umfaßt zwei autonome Landkreise. Entsprechend mußten krankenhausplanerische Anliegen im Vorfeld
der Zielplanbesprechungen in den politischen Gremien des jeweiligen Landkreises und in dem koordinierenden Bezirksplanungsrat
in Arnsberg abgestimmt und verabschiedet werden (41). Zu der im
September 1977 stattgefundenen Zielplanbesprechung für das Versorgungsgebiet 16 trat der Krankenhausbeirat wie anderenorts mit
einer einstimmig verabschiedeten Resolution an die Öffentlichkeit und an das MAGS heran. Darin wurden gefordert ein anteili-
ger Abbau des Bettenüberhangs durch alle Häuser, wirtschaftliche
Betriebsführung, die Berücksichtigung des hohen Industrialisie-
rungsgrads im Kernraum Siegen durch Vorhaltung aller Disziplinen.
Dadurch sollte dem weiteren Wanderungsverlust in die nahegelege-
nen hessischen Universitätskliniken vorgebeugt werden.

Am 31.12.1975, dem Stichtag für die Verwendung von Planungsdaten, wurden 15 Allgemeinkrankenhäuser (mit 2.908) einschließlich 3 kleinerer Privatkliniken (mit insgesamt 79 Betten), die
allerdings nicht im vorläufigen KBP von 1975 enthalten waren,
im Versorgungsgebiet 16 betrieben. Die verbleibenden 12 Allgemeinkrankenhäuser waren folgendermaßen eingestuft:

11 Krankenhäuser auf Dauer   mit 2.729 Betten
 1 Krankenhaus auf Zeit   mit   100 Betten.

Abschließend soll für Bayern und Nordhrein-Westfalen die Frage
nach den signifikanten Einflußgrößen bei der Planung für die
stationäre Krankenhausversorgung in den ausgewählten Untersuchungsgebieten nochmals angesprochen werden. Ob letztlich über-
örtliche und örtliche Besonderheiten oder aber das Planungsinstrument primär auf den Planungsprozeß und die Planungsentscheidungen einwirkten, hängt weitgehend vom Standpunkt des
Betrachters ab. Vom Standpunkt dieses Betrachters gibt es keinen
Zweifel daran, daß das sozial-demographische, ja sogar das geo-
politische Umfeld und die historisch gewachsenen Krankenhausversorgungsstrukturen die primären Bestimmungsfaktoren waren. Dem
Planungsinstrument selbst kam sekundäre Bedeutung bei der
Errechnung des ungefähren stationären Bedarfs zu.

7.2.   Bedarfsaspekte

Dem Weiterbeharren infrastruktureller Merkmale steht eine Entwicklung im Bereich der in der Praxis der Krankenhausbedarfsplanung angewandten Bedarfsdeterminanten gegenüber, die ähnlich
ist insofern, als sie universal ist, unähnlich, als sie äußerst
dynamisch ist. Es handelt sich hier um eine weithin beobachtete,
relativ einheitliche Entwicklung der Bedarfsdeterminanten, die
sich in den Untersuchungsgebieten, in Bayern und Nordrhein-
Westfalen und im Bundesgebiet dokumentieren läßt. Bei allge-
meinem Rückgang der durchschnittlichen BN, der VD und in ge-
ringerem Maße des Bettenangebots bei etwas variabler Bevölkerungsentwicklung nimmt die KH stationär behandelter Patienten
je 1000 Einwohner in allen Bundesländern zu.

Diese Determinanten haben sich alle seit der Veröffentlichung
der ersten KBPe in Bayern und Nordrhein-Westfalen verändert,
und zwar je nach Determinante in unterschiedliche Richtungen,
doch nicht etwa als Folge der Planung, obwohl diese Determinanten in der Krankenhauspolitikdiskussion und planungstheoretisch

häufig als normative Schlüsselwerte verkauft und zur Begründung
von Planungsentscheidungen herangezogen wurden. Ihr Erklärungs-
wert der tatsächlich eingetretenen Entwicklung ist jedoch
begrenzt.

Krankenhaushäufigkeit (KH)

Krankenhauszugänge je 1000 Einwohner

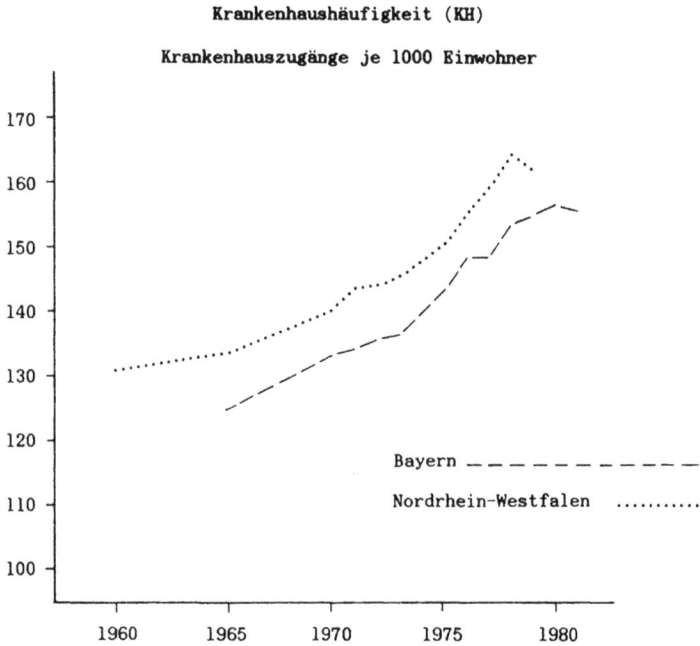

Verweildauer (VW) in Tagen

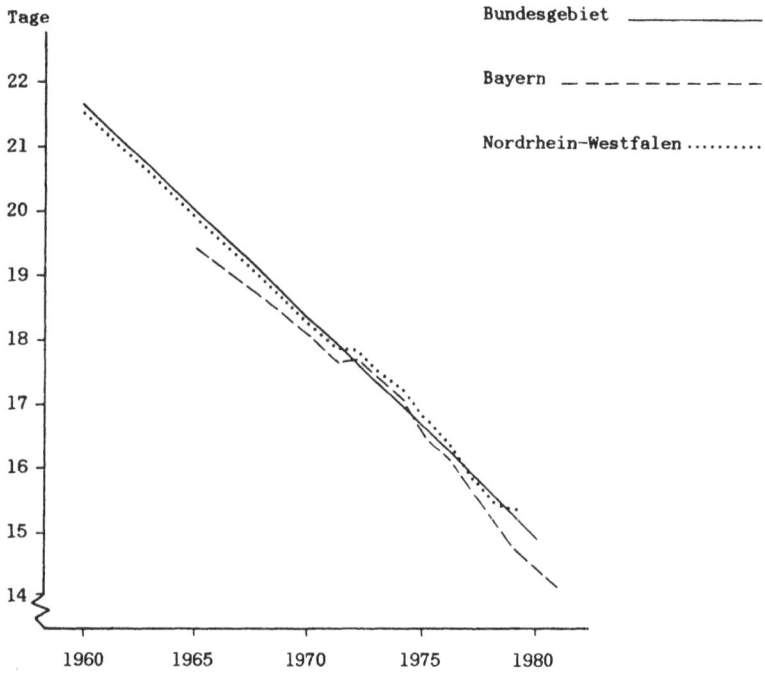

Tage

Bundesgebiet ——————

Bayern — — — — — — —

Nordrhein-Westfalen ·········

Bettennutzung (BN) in %

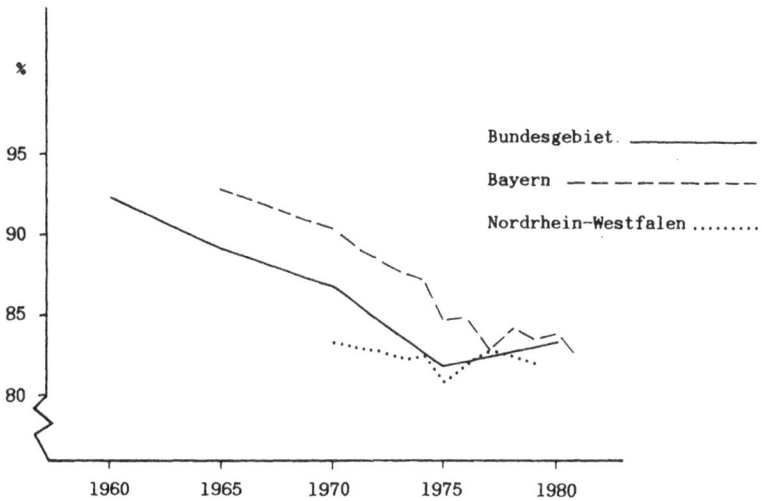

%

Bundesgebiet ——————

Bayern — — — — — —

Nordrhein-Westfalen ·········

Diese Entwicklungen traten ein trotz regionaler Unterschiede in
planerischen Grundsätzen, Zielvorgaben und mehr oder weniger
forschem Planungsstil sowie ungeachtet bestehender Unterschiede
in den infra- und versorgungsstrukturellen Rahmenbedingungen in
den einzelnen Ländern. Wenn Krankenhausbedarfsplanung oder gar
Krankenhauspolitik die entscheidenden Erklärungen liefern könnten, müßten diese sich in der Praxis der Krankenhausbedarfsplanung und in beobachteten Trends entsprechend niederschlagen.
Doch davon findet man keine Spuren. Demnach muß die Ursache
dieser homogenen Entwicklung plausiblerweise außerhalb der Wir-
kungstiefe und -breite der Krankenhauspolitik und -planung
liegen. Diese Ursachen sind in gesellschaftlichen Umschichtungs-
und Entwicklungsprozessen zu suchen, die zu Problembündeln
führen, die ihrerseits gegenüber Krankenhauspolitik und
Bedarfsplanung relativ abgeschottet sind.

Es liegt auf der Hand, zunehmende KH mit der Zunahme des Bettenangebots, die zeitlich etwa zusammenfallen, in Verbindung zu
bringen. Hierzu schrieb Bruckenberger (1978a, 127):

> Der Zusammenhang von wenigen Planbetten auf 10.000 Ein-
> wohner und einer niedrigen Krankenhaushäufigkeit ist un-
> verkennbar. Diese Beziehung steht allerdings nur in 60
> Prozent bzw. 75 Prozent der betroffenen Gebiete in Verbin-
> dung mit einer unterdurchschnittlichen Verweildauer und
> führt gar nur in 20 Prozent bzw. 48 Prozent dieser Gebiete
> zu einer überdurchschnittlichen Bettennutzung.

Bruckenberger stützte seine Aussage auf eine Momentaufnahme,
die er über die Wirkungszusammenhänge von Bedarfsdeterminanten
in 40 Gebietseinheiten machte, die auch die Regierungsbezirke
Düsseldorf und Arnsberg in Nordrhein-Westfalen und die Regierungsbezirke Oberbayern und Oberpfalz in Bayern einschlossen.
Seine Ergebnisse sind von Interesse für die Schlußfolgerungen
dieser Untersuchung, weisen sie doch in ähnliche, aber komplementäre Richtungen der Erklärung von Ursache und Wirkung bei
der Verwendung von Planungsinstrumenten und -determinanten. Auf
andere von Planern "behaupteten Zusammenhänge zwischen einzelnen
Bedarfsdeterminanten" (Bruckenberger, 1978a, 125), die einen gewissen Wirkungszusammenhang erklären sollen, dies aber nicht
unbedingt tun, ging Bruckenberger ausführlich ein. Im Gegensatz
zu den Ergebnissen über das Verhältnis von Bettenangebot und KH
drückt er sich über den Wirkungszusammenhang der Bedarfsdeterminanten VD und BN vorsichtiger und weniger dezidiert aus.

Die Ergebnisse seiner statistischen Analyse über die mangelnde
Veränderung der Determinanten in einem 16-jährigen Zeitraum
(1969, 1974, 1976 und 1985 als Prognose), jeweils gemessen an
den Landesdurchschnittswerten in Nordrhein-Westfalen, bieten
sich geradezu idealiter an, um die Behauptung über das Verharren
von Problembündeln über längere Zeiträume hinweg ungeachtet des
Einsatzes eines Steuerungsinstruments zu untermauern. Für die
Krankenhausbedarfsplanung in allen 16 Versorgungsgebieten kommt
Bruckenberger (1978a, 143) zu diesem Ergebnis:

> Die Polarisierung bei den Determinanten hat sich nur in
> Einzelfällen gewandelt...

> Bei der rein statistischen Gegenüberstellung der verwen-
> deten Determinanten wird also erkennbar, daß sich selbst
> in 16 Jahren (1969 - 1985) keine nennenswerten strukturel-
> len Veränderungen ergeben haben bzw. ergeben sollen.

> Die Planung im Krankenhauswesen ist vom Zeitgeist nicht
> unbeeinflußt geblieben und ist so generellen Trends wie
> z.B. vom "Bettenmangel" zum "Bettenberg", gefolgt.

Dem läßt sich aus der Zeit nach Abschluß seiner Untersuchung
hinzufügen, daß Krankenhausbedarfsplaner sich rasch beim und
für den Abbau des Bettenbergs engagierten, der durch frühere
Planungsentscheidungen verursacht wurde.

Seine Schlußfolgerungen treffen auf die Versorgungsgebiete 1,
15 und 16 zu. Das Zusammenwirken von demographischen und ökonomischen Faktoren und subjektiv sozio-kulturelle Verhaltensweisen
seitens der Patienten und der aufnehmenden Krankenhausärzte
führte zu den vor 16 Jahren erhobenen Werten, die mit wenigen
Ausnahmen bei zahlreichen Veränderungen durch krankenhauspoli-
tische und -planerische Entscheidungen und Maßnahmen in sektoralen Bereichen.des Gesundheits- und Krankenhauswesens erstaunlich konstant blieben. Gleichzeitig bot das vorhandene Versor-
gungsangebot und die fast vollständige finanzielle Absicherung
selbst große Anreize für alle Beteiligten - ausnahmslos alle -,
hergebrachte Verhaltensweisen und Erwartungen nicht korrigieren
zu müssen. Diese gesellschaftlich bedingten Problemclusters
lassen sich offensichtlich durch Krankenhausbedarfsplanung kaum,
möglicherweise aber durch Politikentscheidungen in ganz anderen
Bereichen im einzelnen entflechten und ändern.

7.3.   Kostenaspekte

Wie erklären sich regionale Unterschiede in der Verfügbarkeit
von Investitionsmitteln für Krankenhäuser und im Einsatz dieser
Mittel in den einzelnen Bundesländern? Die Angaben über die Investitionsförderung nach dem KHG in der Zeit von 1972 bis 1983
zeigen deutliche Unterschiede in der Höhe der Gesamtaufwen- .
dungen und des prozentualen Anteils des Bundes an den jährlichen
und den Gesamtaufwendungen der Länder an. Diese Unterschiede betreffen auch Bayern und Nordrhein-Westfalen. Daß regionale
Unterschiede in der Vergabe von Fördermitteln zwischen den
städtischen und ländlichen Versorgungsgebieten bestanden, geht
aus einem Vergleich der angegebenen DM-Beträge hervor, die in
den JKBPen als solche ausgewiesen sind. Darüber hinaus lassen
sich länderweise regionale Unterschiede in der Gesamtzahl der
geförderten Betten, in der Höhe der Pflegesätze nach Trägern,
Versorgungsstufen und Regionen nachweisen . Desgleichen variieren die Fallkosten, die Höhe der nachkalkulierten Pflegesätze,
die durchschnittlichen Krankenhauskosten, aufgeteilt nach
Kostenarten, und die durchschnittliche Höhe der Zuschläge für
Ein- und Zweibettzimmer in Bayern und Nordrhein-Westfalen und
in den Untersuchungsgebieten (Altenstetter, 1982-2).

Das Ursachenbündel dieser Differenzen kann selbst für den Zeitraum von 1972 bis zur Gegenwart, in dem viele, wenn nicht sogar
die meisten, Kostenaspekte im Gegensatz zu anderen Dimensionen
der Krankenhausförderung bundeseinheitlich geregelt waren, hier
nicht aufgeschnürt werden. Es gibt zahlreiche Faktoren, die ein-
zeln und zusammen dazu beigetragen haben, die Höhe der Gesamt-
investitionen und ihre räumliche und funktionale Verteilung zu
bestimmen. Welche Wirkungszusammenhänge im einzelnen bestehen,
darüber gibt es keinen empirisch fundierten Wissensstand. Die
Frage nach den Ursachen räumlicher und funktionaler Unterschiede
in der Mittelzuweisung und dem Mitteleinsatz kann auch deswegen
nicht endgültig beeantwortet werden, da trotz zahlreicher Bemü-
hungen zur Standardisierung von Daten und Informationen im
Krankenhauswesen Ländervergleiche, besonders jedoch Regional-
vergleiche, nach wie vor äußerst problematisch sind. Dies ungeachtet der Tatsache, daß Aussagen darüber auf der Länderebene
aggregiert veröffentlicht sind, obwohl sie eigentlich keinen
Aussagewert über diesen Zusammenhang haben. Hierzu nur ein
Beispiel für die Pflegesatzentwicklung in den nordrhein-westfälischen Untersuchungsgebieten. Nach Darstellung des MAGS und
nach Rückfragen wurden im Zeitraum von 1972 bis 1980 unterschiedliche Gebietseinheiten erfaßt und andere Berechnungs-

Investitionsförderung nach dem KHG. Stand:15.3.1983

a = Von den Ländern gezahlte Fördermittel an die Krankenhäuser

Jahr		Gesamt- beträge	Baden- Württem- berg	Bayern	Berlin	Bremen	Hamburg
1972	a	997,587	24,100	105,523	49,016	18,556	41,740
	b	465,700	58,200	68,900	42,200	7,600	25,300
1973	a	3.199,665	386,189	419,021	269,065	111,058	162,593
	b	971,900	135,505	168,510	46,625	12,080	32,135
1974	a	3.513,045	558,386	494,519	250,020	85,512	120,066
	b	969,288	133,600	148,900	67,200	25,400	39,500
1975	a	3.422,890	512,735	636,610	223,386	104,568	113,214
	b	879,507	126,800	150,000	40,900	10,300	25,500
1976	a	3.538,998	554,003	518,395	265,250	87,765	96,811
	b	982,599	133,000	174,700	33,500	12,000	28,400
1977	a	3.241,174	544,888	465,197	238,347	78,319	94,803
	b	915,076	143,130	158,700	33,370	12,700	31,100
1978	a	3.611,754	516,878	680,905	240,696	60,002	102,762
	b	785,073	124,440	132,500	25,190	11,070	19,750
1979	a	3.529,966	486,421	707,226	290,014	46,787	105,558
	b	740,235	112,200	129,000	22,300	9,297	21,750
1980	a	3.970,476	523,494	789,947	352,760	49,632	113,458
	b	457,290a	51,339	72,442	12,140	4,170	9,140
1981	a	3.964,560	447,297	851,379	343,897	39,314	117,584
	b	782,998b	121,972	133,936	22,168	5,782	17,418
1982	a	4.170,100c	541,600	900,000	429,100	36,000	123,500
	b	880,225d	115,886	161,934	33,349	11,343	26,338
1983	a	4.340,500c	560,000	900,000	429,200	28,300	120,400
	b	760,037e	94,914	135,543	38,220	9,041	23,845
Summe	a	41.500,715	5.657,991	7.468,722	3.380,741	745,813	1.307,489
	b	9.595,928	1.380,986	1.635,065	417,162	130,783	300,176

a   Unter Berücksichtigung einer Einbehaltung in Höhe von 292,192 Mio DM
     wegen Überzahlung des Bundes in den Jahren 1972 - 1978
b   Unter Berücksichtigung einer Einbehaltung in Höhe von 34,094 Mio DM
     wegen weiterer Überzahlungen des Bundes in den Jahren 1972 - 1979
c   Bedarfsmeldung der Länder
d   Unter Berücksichtigung einer Auszahlung in Höhe von 3,943 Mio DM
     wegen Unterzahlung des Bundes im Jahr 1980
e   Ohne Finanzhilfe nach § 23 Abs.2 (104,276 Mio DM) KHG.

Quelle: Bundesministerium für Arbeit u. Sozialordnung, B 2. 16. Mai 1983.

Ist-Ergebnis in Millionen DM

b = Vom Bund gezahlte Finanzhilfen an die Länder

Hessen	Nieder-sachsen	Nord-rhein-West-falen	Rhein-land-Pfalz	Saar-land	Schles-wig-Hol-stein	Ant. d. Bund. a.d. Ausg. d.L.
95,641	138,899	356,661	122,655	22,561	22,235	in %
48,700	46,300	110,100	33,000	9,200	16,200	46,68
304,432	318,600	871,137	211,711	51,405	94,454	
89,535	107,955	256,270	62,600	22,870	37,815	30,38
352,825	321,465	941,574	210,292	61,787	116,599	
86,300	105,400	250,900	59,700	18,154	34,234	27,59
260,647	304,099	896,790	195,392	53,877	119,572	
75,900	98,500	233,300	60,300	19,90	38,100	25,69
260,181	362,800	992,713	198,567	63,751	138,762	
96,700	117,000	277,600	57,200	20,599	41,900	27,76
261,006	293,460	907,354	209,567	60,812	97,421	
79,200	97,600	244,600	61,400	16,376	36,900	28,23
325,538	337,355	984,733	201,674	52,639	96,582	
72,550	93,800	214,100	45,400	13,873	32,400	21,74
342,363	284,399	906,222	206,733	42,658	111,585	
66,850	85,150	204,600	44,500	14,000	30,588	20,97
361,708	322,713	1.061,821	239,922	53,078	101,943	
49,995	56,193	118,463	30,543	5,410	17,455	11,51
349,771	353,384	1.040,895	258,806	58,464	93,769	
65,110	89,738	230,758	53,877	11,859	30,380	19,75
323,900	343,200	999,100	248,000	70,800	154,900	
87,087	98,556	241,245	50,682	16,613	37,192	21,11
320,400	379,400	1.159,100	240,200	82,500	121,000	
65,664	89,710	227,139	41,979	18,332	21,650	17,65
3.558,412	3.759,774	11.120,100	2.543,519	694,332	1268,822	
873,591	1.095,902	2.609,075	601,181	187,193	374,814	23,12

methoden der regionalen Durchschnitte der Pflegesätze verwendet.
Dadurch ist der Aussagewert in den standardisierten Bundes-
und Landesstatistiken erheblich verfälscht.

Aus ähnlichen Gründen kann man anderen interessanten Fragen
bei der Verteilung von Fördermitteln nicht näher nachgehen wie
etwa der Frage, ob und in welchem Ausmaß bestimmte Regionen in
den einzelnen Bundesländern, Fachrichtungen und Subspezialisierungen bei der Mittelvergabe expressis verbis diskriminiert
wurden. Eindeutig belegen lassen sich das Stadt-Land-Gefälle
in den Krankenhausinfrastrukturen und den Leistungs- und Versorgungskapazitäten und eine unterschiedliche Vergabepraxis von
öffentlichen Investitionsmitteln im Krankenhausbereich in der
Bundesrepublik und in Bayern und Nordrhein-Westfalen. Was erklärt diese unterschiedliche Vergabepraxis?

Es gibt unterschiedliche Erklärungsmodelle, die keineswegs ausschließlich oder widersprüchlich, sondern viel wahrscheinlicher
komplementär sind. Nach einem Erklärungsmuster sind die im Gesetz und den Verordnungen festgelegten Finanzierungsverfahren
und -bedingungen zur Auszahlung, einschließlich des gesetzlichen
Anspruchs der Träger, die entscheidenden Bestimmungsfaktoren
regionaler Unterschiede in der Mittelverteilung. Man kann eine
zweite Erklärung heranziehen. Danach stellen Träger und staatliche Verwaltungen bzw. Bewilligungsbehörden ausschließlich
Überlegungen darüber an, wieviele Ressourcen und für welchen
Zweck sie Finanzmittel zu beantragen berechtigt sind bzw. zu
bewilligen haben. Demnach wären Verhaltens- und Interpretations-
strategien angesichts von Rechtsansprüchen und der objektiv vorhandenen Finanzmasse ausschlaggebend.

Schließlich gibt es eine dritte Erklärungsmöglichkeit. Zusätzlich zu den genannten Faktoren kann das Antragsverhalten der
Krankenhausträger und die Bewilligungsbereitschaft der staatlichen Behörden durch exogene, von ihnen kaum beeinflußbare
Faktoren grundlegend konditioniert werden. Dazu gehören beispielsweise die Wirkungsstränge der in der Vergangenheit von
einzelnen Krankenhausträgern, Städten, Gemeinden, Kreisen und
vom Land erbrachten Leistungen für Neubauten und Sanierungs-
und Modernisierungsmaßnahmen und apparative Ausstattungen. Dazu
gehören auch regional unterschiedliche Baukosten, Löhne und
Lebenshaltungskosten und ähnliches mehr. Zwar ist der Nutzen
dieser Investitionen durch den Ablauf der Zeit reduziert. Doch
angesichts der Langfristigkeit von Krankenhausinvestitionen
müssen sie als gewisse Vorleistungen auf die Investitionen nach

1972 angesehen werden, erklären sie doch auch die unterschiedliche Ausgangsposition Bayerns und Nordrhein-Westfalens bei der
Krankenhausbedarfsplanung und der Verteilung der Fördermittel
nach Versorgungsstufen, Größenordnung und Fachrichtungen, von
denen mehrfach die Rede war. Diese unterschiedlichen Ausgangspositionen spiegeln sich auch in der Verteilung der Gesamtaufwendungen in beiden Ländern wider.

Bayern wandte insgesamt 900 Mio DM für Krankenhausinvestitionen
nach dem KHG auf. Diese verteilten sich beim Stand vom Dezember
1981 auf 65 % für Baumaßnahmen und 35 % für gesetzliche Leistungen. Im Vergleich brachte Nordrhein-Westfalen von den
Gesamtaufwendungen von 999,1 Mio DM rund 49 % für Baumaßnahmen
und rund 51 % für gesetzliche Leistungen auf. Wie für Bayern
und Nordrhein-Westfalen variiert der prozentuale Anteil der Aufwendungen der restlichen Länder für Baumaßnahmen und für gesetzliche Leistungen erheblich (42). Nach Berlin und Schleswig-
Holstein investierte Bayern den höchsten Anteil für Baumaßnahmen, der nicht zuletzt auch als landespolitische Entscheidung
zur Konjunktur der Bauwirtschaft anzusehen ist.

Theoretisch können sich Krankenhausinfrastrukturen einerseits
und Höhe der regional verfügbaren Ressourcen andererseits in
einem umgekehrten Verhältnis zueinander verhalten, d.h. Städte
und Kreise, die vor 1972 große Anstrengungen machten, können
in der Tat nach 1972 negativ diskriminiert worden sein, indem
ihnen nach 1972 weniger Finanzmittel zugesprochen wurden. Dem
steht die in der Literatur und der Praxis vielfach belegte These
gegenüber, wonach schon vorhandene Ressourcen mehr Ressourcen
nach sich ziehen und dort, wo begrenzte Mittel zur Verfügung
stehen wie in ländlichen Bereichen, werden sie noch mehr reduziert. Sicherlich trifft dieser Fall auf die Praxis der Krankenhausbedarfsplanung zu. Universitätskliniken im Vergleich zu
Allgemeinkrankenhäusern und städtische Verorgunsgebiete im Vergleich zu ländlichen Regionen profitierten ohne Zweifel am
meisten von staatlichen Investitionsmitteln. Doch ob dies das
Ergebnis der Planung oder aber des Einflusses anderer Kräfte,
besonders der der Ärzteschaft, ist, berechtigt zu einer
gewissen Skepsis.

Ein in seiner Wirksamkeit kaum zu unterschätzender Einflußfaktor
auf die Höhe der in einem Bundesland zur Verfügung stehenden
Investitionsmittel und Ressourcen sind öffentliche Stellungnahmen und Engagements von Politikern für erfolgversprechende
medizinische Innovationen, denn diese haben auch für Politiker

gewöhnlich einen hohen Prestigewert. Die Durchsetzbarkeit von
Forderungen durch Angehörige einer bestimmten Subdisziplin
gegenüber der Ministerialbürokratie in den zuständigen Bundes-
und Länderministerien wird dadurch um ein Erhebliches unterstützt und gesteigert.

Schließlich waren die in Bayern und Nordrhein-Westfalen vor 1972
geübten Verwaltungsverfahren und -routinen wesentlich für die
Verwaltung unmittelbar nach dem Inkrafttreten des KHG. Sie er-
laubten eine mehr oder weniger zügige Anpassung der eigenen
Rechtsregeln beim Verwaltungsverfahren ohne jeden Verlust an
Verwaltungsautonomie an die Bedingungen, die an den Zugang von
Bundesmitteln geknüpft waren. Eng damit verbunden war eine weitere Voraussetzung, und zwar ein guter und dokumentierbarer
Informationsstand über die Elemente der Krankenhausversorgung
im eigenen Land, die bei der Antragstellung bzw. der Abrufung
von Bundesmitteln wesentlich waren.

Es wäre eine willkürliche Ausblendung des dynamischsten aller
Kostenpunkte, ja des dynamischsten Teilsektors im deutschen
Gesundheitswesen seit 25 Jahren überhaupt, wenn der Zusammenhang
von Investitionen, medizinisch-technischem Leistungsstand, Funktionstüchtigkeit und Personalkosten unerwähnt bliebe. Angesichts
der Spannbreite dieses Problemkomplexes kann dieser Zusammenhang
nur angedeutet werden.

Der Trend der Krankenhauspersonalentwicklung in Bayern und
Nordrhein-Westfalen ist aus den Schaubildern ablesbar. Was darin
nicht deutlich wird, sind die innerbetrieblichen Veränderungen
in der Versorgung und die finanziellen Implikationen dieser Per-
sonalexpansion. Zur Darstellung ihres Ausmaßes und ihrer Signifikanz beschränken wir uns auf die Schilderung bundesweiter
Trends in der Annahme, daß diese sich von denjenigen in den
einzelnen Bundesländern nicht wesentlich unterscheiden.

Daß Krankenhäuser wichtige Wirtschaftsfaktoren darstellen, daran
besteht sicherlich kein Zweifel mehr. Im Jahr 1979 wurde das
Anlagevermögen mit etwa 100 Milliarden DM und der Jahresumsatz
mit etwa 35 Milliarden, darunter 22 Milliarden Aufwendungen,
angegeben (Arbeit und Sozialpolitik, 1979, 240). Im gleichen
Jahr wurden etwa 10,6 Mio Patienten im Krankenhaus behandelt.
Damals machte der Krankenhaussektor etwa 2,5 % des Bruttosozial-
produkts aus.

Die Bedeutung des Krankenhaussektors als Beschäftigungssektor
ist durch eine Verdoppelung des medizinischen, technischen und
pflegerischen Personals von insgesamt 363,036 im Jahr 1960 auf
765.853 im Jahr 1980 dramatisch ausgedrückt (43). Mit dieser Zunahme geht eine Verdoppelung auch der Verwaltungskräfte einher,
d.h. um die durch die Vermehrung des ärztlichen und pflegerischen Personals ermöglichten Leistungskapazitäten zu verwalten, bedarf es eines verdoppelten Verwaltungsapparates. Arbei-
teten 137 Arbeitnehmer je 10.000 Beschäftigte 1960 im Krankenhaus, so waren es 285 im Jahr 1980. An dieser Personalsteigerung
haben einzelne Berufsgruppen unterschiedlich teilgenommen. Während im 20-jährigen Zeitraum die Gesamtzahl der Ärzte um fast
das Zweieinhalbfache und die des Pflegepersonals um das Zweieinhalbfache zugenommen hat, verdreifachte sich das Apothekenper-
sonal. Die Zahl des medizinisch-technischen Personals und der
Masseure stieg um das Dreieinhalbfache und die der Kranken-
gymnasten um das Dreieinviertelfache.

Die statistischen Veränderungen über das Verhältnis von Arzt
zu Betten und Patienten sind vor dem Hintergrund zuerst des
Bettenanstiegs und seit etwa 1975 der Bettenreduktion zu sehen,
die im Aggregat eintrat, aber nicht unbedingt Auswirkungen auf
die Arbeitsverhältnisse in einzelnen Häusern hatte. 1960 waren
einem Arzt statistisch 19 Betten, im Jahr 1980 nur noch 9,8
Betten zugeteilt. Obwohl das Kriterium "Bett" in den Krankenhausstatistiken verwendet wird, hat es wenig Aussagewert, solange nicht ersichtlich wird, ob und welche Patienten die Betten
belegen. Auch die Zuteilung des Pflegepersonals zeigt, wie sich
die Zahl der von einer Pflegeperson zu versorgenden Betten von
statistisch 5,3 Betten 1960 auf 2,5 Betten 1980 reduzierte. Hier
gilt der gleiche Vorbehalt wie oben.

Versorgte ein Krankenhausarzt 238 Patienten im Jahr 1960, so
versorgte er nur noch 160 Patienten 20 Jahre später. Eine Pflegeperson versorgte statistich 66,5 Patienten 1960 und 41,2 Patienten 1980. Umgerechnet auf Pflegetage entfielen 1960 6.428
Pflegetage auf einen Arzt und weniger als die Hälfte 1980, also
3.031, wobei sich die Gesamtzahl der Ärzte im gleichen Zeitraum
verzweieinhalbfachte, und zwar von 30.767 auf 72.540. Beim Pflegepersonal ist die Expansion noch eindrucksvoller. Bei einer
zweieinhalbfachen Zunahme der Pflegepersonen von 110.570 im
Jahr 1960 auf 281.651 im Jahr 1980 entfielen 1960 noch 1.796
Pflegetage auf 1 Pflegeperson und 781 im Jahr 1980.

Personalausstattung der Krankenhäuser
1
In Nordrhein Westfalen

Stichtag: 31.12.1980

1970 = 100

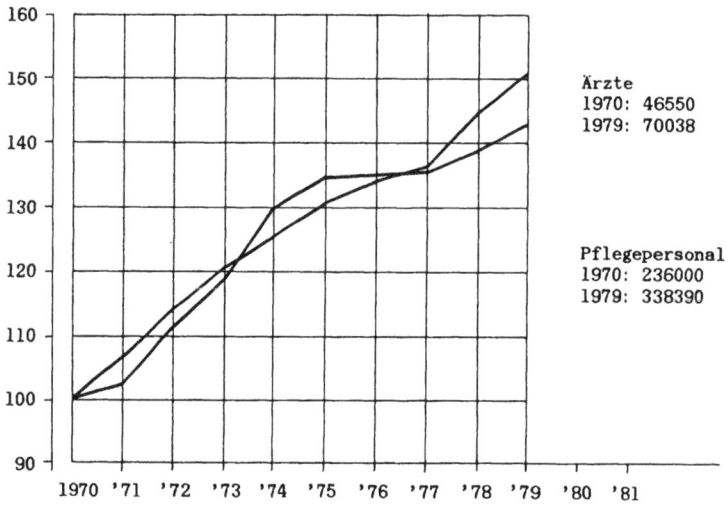

Ärzte
1970: 46550
1979: 70038

Pflegepersonal
1970: 236000
1979: 338390

1

Dargestellt nach Zahlenangaben des Ministers für Arbeit, Gesundheit
und Soziales (MAGS), 6.5.1981 II2(1) - 845.242 (hektographierte
Unterlage). Die dargestellte Entwicklung des Krankenhauspersonals
ist für die Jahre 1977 bis 1979 vor dem Hintergrund einer stetigen
Abnahme der Zahl der planmäßigen Betten von 722.953 (1977) auf
712.055 (1979) zu bewerten.

Für 1970 und 1971 wurde die Zahl der in Ausbildung befindlichen
Pflegepersonen mit 51.000 bzw. 53.000 geschätzt und der Zahl der
Krankenpflegepersonen von 175.183 bzw. 190.750 zugeschlagen. Ab 1972
erfolgte der Ausweis der Gesamtzahl durch das Statistische Bundesamt.

Entwicklungstrend in bayer. Krankenhäusern

für Akutkranke (ohne Psychiatrie

1972-1981

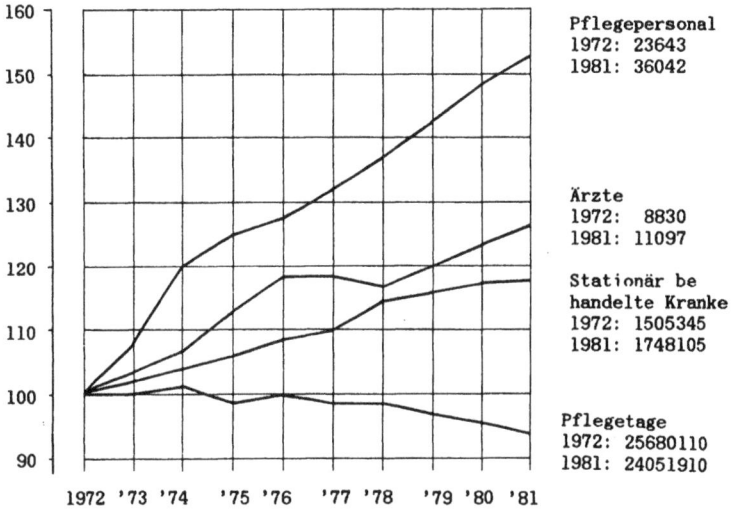

Pflegepersonal
1972: 23643
1981: 36042

Ärzte
1972: 8830
1981: 11097

Stationär be
handelte Kranke
1972: 1505345
1981: 1748105

Pflegetage
1972: 25680110
1981: 24051910

ab 01.01.1973: 42-Stunden-Woche (statt 43-Stunden-Woche)
ab 01.10.1974: 40-Stunden-Woche

Quelle: Berichte über das bayerische Gesundheitswesen. Bayerisches
        Staatsministerium für Arbeit und Sozialordnung. F7-8/82.

Als Fazit ergibt sich für den Zeitraum von 1960 bis 1980 eine
wesentliche Verbesserung der Arbeitsbedingungen für das gesamte
Krankenhauspersonal und eine Differenzierung der Beschäftigten-
struktur in den deutschen Krankenhäusern. Gleichzeitig verringerte sich die durchschnittliche Arbeitszeit von 46 Stunden und
zahlreichen Überstunden noch Mitte der 60er Jahre auf eine
40-Stunden-Woche. Ob diese quantitative Verbesserung auch heute
noch eine qualitative darstellt, bleibt angesichts der besonderen Probleme, die mit den Personalanhaltszahlen der Deutschen
Krankenhausgesellschaft von 1969 verbunden sind und als Grundlage für die Berechnung der Pflegesätze dienten, fraglich. Diese
Anhaltszahlen - hochgerechnet auf die 40-Stunden-Woche - gelten
nach wie vor in der Krankenhauspolitik und wurden durch Gerichtsurteile bestätigt (Behrends, 1983, 644). Bei diesem rasanten An-
stieg des Krankenhauspersonals, das etwa zwischen 75 % in Akutkrankenhäusern bis zu 85 % in Universitätskliniken aller Kosten
im laufenden Haushalt ausmachen, die durch den Pflegesatz abgedeckt werden, sind die Steigerungsraten der Ausgaben für stationäre Behandlung der öffentlichen Haushalte (264 %), der GKV
(335 %), der gesetzlichen Unfallversicherung (234 %), der PKV
(192 %) und der Arbeitgeber einschließlich öffentlicher Beihilfen (222 %) sowie der privaten Haushalte (142 %) in den
Jahren von 1970 bis 1980 keineswegs erstaunlich (44).

Welche Bedeutung die Ausgaben für stationäre Behandlung haben,
erhellt ein Vergleich des prozentualen Anteils an den Gesamt-
leistungsausgaben der GKV in der Zeit von 1960 bis 1980. Im
Jahr 1960 betrug dieser Anteil 17,5 %, stieg dann auf 31,0 %
im Jahr 1974 und pendelte sich auf etwa 30 % seit 1975 ein (45).
Betrugen die Ausgaben je Pflegetag 1970 noch durchschnittlich
DM 52,00, so waren sie auf DM 200,82 je Pflegetag im Jahr 1981
angestiegen, bei gleichzeitiger Erhöhung der Krankenhausfälle
je 100 Mitglieder von 17,56 im Jahr 1970 auf 21,41 im Jahr 1981
und bei gleichzeitiger Abnahme der Krankenhaustage je Fall von
21,47 Tagen im Jahr 1970 auf 17,80 Tagen im Jahr 1982 (46).

Bei diesen Ausgaben sind die Aufwendungen für Krankenhausinvestitionen in Akutkrankenhäusern und Universitätskliniken nicht
inbegriffen. Im Zeitraum von 1972 bis 1983 wurden nach vorläufigen Berechnungen in der Bundesrepublik Deutschland insgesamt
rund 51 Milliarden DM für Krankenhausinvestitionen ausgegeben,
an denen sich der Bund mit etwa 23,12 % beteiligte. Hinzu kommen
noch Ausgaben für Lehre und Forschung und Aufwendungen für Universitätskliniken und andere vom KHG nicht geförderte Einrichtungen wie Krankenhäuser der Bundeswehr, der Bundesknappschaft,

der gesetzlichen Unfallversicherung und ähnliches mehr.
Die ökonomisch-rationalsten und durch politische Kompromisse
konsensfähig gemachten Entscheidungen zur Neuregelung der
Krankenhausfinanzierung und -planung und anderer Teilbereiche
im Gesundheits- und Krankenhauswesen werden langfristig scheitern, wenn man kurzfristig glaubt, bei Überlegungen zu kostendämpfenden Maßnahmen die Dynamik ignorieren bzw. ausblenden zu
können oder zu sollen, die vom Personalsektor, der Tarifpolitik,
der Ausbildungs- und Rekrutierungspolitik im Krankenhausbereich
in Zukunft noch ausgehen wird. Obwohl diese Bereiche im Brennpunkt jeder Krankenhauspolitik liegen, standen sie aus politischen Gründen bei Überlegungen zu Neuregelungen nicht im Vordergrund wie Vorschläge zur Strukturreform. Aber auch weiterhin
stellen sie einen wesentlichen Brennpunkt in der Krankenhausfinanzierung dar.

7.4.   Lenkung, Einfluß und Kontrolle in den Krankenhäusern

Im Austausch für den gesetzlichen Anspruch auf Selbstkostendeckung - die Fiktion blieb - und für einen scheinbar garan-
tierten Zugang zu öffentlichen Investitionsmitteln, der einigen
Trägern zum Verhängnis wurde, zahlten die Krankenhäuser einen
hohen Preis, da sie einen erheblichen Autonomieverlust hinnehmen
mußten. Dieser war eigentlich vor, bei und nach der Verabschiedung des KHG kalkulierbar und antizipierbar. Der Zugang zu Geldressourcen ist selten gratis. Die nach dem KHG geschaffenen zwei
Hauptgruppen von Finanzierungsquellen - Pflegesätze und Investitionsmittel - waren so angelegt, daß sie bei der Programmumsetzung auf mehrere Einzelfinanzierungsströme aufgefächert
waren. Im Stadium der Politikformulierung übt die Frage, wer
die Kontrolle über die Verwaltung von Finanzressourcen haben
soll, einen entscheidenden Einfluß auf die endgültige Lösung
aus. Gleichermaßen bestehen bei jedem Gesetzeswerk zusätzliche
Möglichkeiten zur Ressourcenkontrolle, zur Steuerung und Einflußnahme bei der Programmumsetzung in der Verwaltung (Makro-
Implementation) und im Verhältnis der staatlichen Behörden zu
den Krankenhäusern (Mikro-Implementation). Fragen der Lenkung,
Steuerung und Kontrolle in beiden Bereichen wurden ausführlich
behandelt und brauchen nicht im einzelnen wiederholt zu werden.
Hier ist es wichtig, die Auswirkungen der im KHG und der BPflV
angelegten Zweiteilung der Finanzierungsquellen auf die Adressaten der Krankenhauspolitik bis Ende 1984 abschließend zusam-
menzufassen. Dazu werden Schlußfolgerungen aus dem Bereich der
Betriebswirtschaftslehre, der Sozialwissenschaften und der Krankenhauspraxis herangezogen.

Aus betriebswirtschaftlicher Sicht schuf das im KHG verankerte
dualistische Finanzierungssystem die Möglichkeit der Kosten-
verschiebung zwischen dem Pflegesatz- und dem Investitionsbereich. Kostensubstitutionen waren unter 6 verschiedenen Kostenarten möglich. Einige dieser Umverteilungsprozesse sollen nach
der Verabschiedung des KHKG theoretisch nicht mehr möglich gewesen sein. Doch mit Verschiebungsprozessen dürfte auch in Zukunft zu rechnen sein. Diese brauchen sich nicht zwischen den
alten Kategorien ergeben. Gleichermaßen tendiert der von den
Krankenhäusern erforderte Verwaltungs- und Kostenaufwand dazu,
daß das Organisationsmodell der Krankenhäuser, das im Verwal-
tungsbereich als kontrollorientiert und nicht als entscheidungs-
orientiert charakterisiert wird - abgesehen von der mehr oder
weniger noch intakten Entscheidungsautonomie der Ärzteschaft -
sich noch stärker in Richtung auf zunehmenden Kontrollaufwand
bewegt, gerade unter den Bedingungen des KHKG und des KHNG. Die
vom KHNG erhofften Rationalisierungen dürften in Zukunft in erheblichen Verwaltungsaufwand umschlagen, der von den Selbstver-
waltungsbürokratien zu erbringen sein wird.

Die Krankenhauspraxis bedauert und kritisiert den zunehmenden
Autonomieverlust, die größere Abhängikeit von ortsfernen Ent-
scheidungsstellen in allen Bereichen des Krankenhauses und die
Überleitung von krankenhausinternen Entscheidungen auf andere
Einrichtungen, die nicht zum Krankenhaus gehören. Ob es sich
um die Finanzierung der Pflegesätze oder von Investitionen
(kurz-, mittel- oder langfristig) handelt, ob um Personaleinstellung oder um Planung für die medizinische und pflegerische
Versorgung und für Umbauten, ob um die Anschaffung von techno-
logischen Großgeräten oder um die Zuordnung von Betten zu Fachrichtungen, sie alle werden in der Tat durch extern vorgegebene
Richtwerte bestimmt. Darüber hinaus ist auch die Vertragsgestal-
tung zunehmend Restriktionen ausgesetzt, die von externen Kräften
bestimmt werden. Daran wird auch das KHNG kaum etwas ändern.

Aus sozialwissenschaftlicher Sicht hat von Ferber auf die durch
das KHG eingeleiteten Steuerungs- und Planungseingriffe und auf
die Gefahr neuer weiterführender Eingriffe in innerbetriebliche
Abläufe in drei Bereichen nachdrücklich aufmerksam gemacht   -
bei der Krankenhausversorgung, der Patientenbetreuung und bei
der Ausbildung. Unter den gegenwärtigen Bedingungen der Mittel-
knappheit ist mit neuen Eingriffen und Restriktionen zu rechnen.
Da seine Problemanalyse von 1978 weiterhin zutrifft, soll sie

hier wiedergegeben werden (von Ferber, 1978, 508):

> Jeder planende und lenkende Eingriff in die Krankenhaus-
> versorgung äußert über die beabsichtigten Wirkungen hinaus
> vielfältige, auf den ersten Blick nicht immer erkennbare
> Nebenwirkungen. Weil, wie gesagt, das Krankenhaus einen
> Verdichtungs- und Knotenpunkt ganz verschiedenartiger Ziel-
> setzungen und Interessen darstellt, unterliegen Eingriffe
> in die Krankenhausversorgung leicht der Gefahr, daß sie
> weitere Eingriffe nach sich ziehen. Sie können damit auf
> das Gefälle eines Planungsperfektionismus geraten, der
> dann schrittweise das gesamte komplexe Beziehungsnetz des
> Krankenhauswesens sich unterwirft.

Andere Steuerungsmechanismen, die zur Programmverwirklichung
vorgegeben waren, hatten Rückwirkungen im Sinne eines zunehmenden Autonomieverlusts der Krankenhäuser. Die Einführung des
Selbstkostenblatts durch die BPflV machte es zum entscheidenden,
allerdings heftig umstrittenen Ausführungsinstrument, das entscheidend in die interne Betriebsführung eingriff. In diesem
Zusammenhang hat auch die Einführung der kaufmännischen Buchführung und Betriebsabrechnung, die bei derart essentiellen
Dienstleistungs- und Infrastruktureinrichtungen keineswegs ver-
früht war, in das Management der Krankenhäuser eingegriffen.

Zur Angemessenheit des Selbstkostenblatts selbst gibt es keine
einheitliche Meinung unter den unmittelbar Betroffenen oder in
der wissenschaftlichen und praxisorientierten Literatur. Meinungsverschiedenheiten wurden unter den Preisbehörden, externen
Wirtschaftsprüfern und anfänglich auch in der Rechtsprechung
festgestellt (Altenstetter, 1982-2). Neuerdings haben sich die
Gerichte eindeutig dafür ausgesprochen, daß das Selbstkostenblatt, d.h. Betriebsvergleiche, aussagefähig seien und eine
Grundlage darstellten, die zur Auslegung und Bewertung von
Personal-, Leistungs- und Sachkosten bei den Pflegesatzverhandlungen herangezogen werden könnten (Behrends, 1983, 644ff). Die
Entwicklung einer mehr oder weniger einheitlichen Rechtsprechung
beweist jedoch nicht unbedingt ihre sachliche Angemessenheit und
Richtigkeit. Was sie beweist, ist eine an prozeduralen Fragen
orientierte Krankenhauspolitik, bei der Krankenhäuser eigentlich
nur verlieren können, denn ihre Interessen sind im Vergleich zu
den Interessen der GKV, der staatlichen Instanzen und der Ärzteschaft in Rechtsbestimmungen weniger aufgenommen und entsprechend geschützt als die Interessen der genannten Gruppen. Zur
Rechtsprechung der Gerichte über die Krankenhausbedarfsplanung

schrieb Steiner treffend (Steiner, 1979, 865):

> Angesichts solcher konzeptioneller und datenmäßiger Un-
> sicherheit erscheint es mehr als verständlich, wenn die
> Rechtsprechung der Obergerichte die zunächst durch einige
> Urteile der ersten Instanzen beherzt abgesteckten Kontroll-
> linien gegenüber der staatlichen Krankenhausbedarfsplanung
> zurückzustecken scheint und unter dem Stichwort "Planungs-
> ermessen" nur noch die Sachlichkeit und Konsequenz der Pla-
> nungsentscheidungen überprüft. Dabei darf man sicher sein,
> daß eine solche Zurückhaltung der Rechtsprechung nicht
> leicht fällt.

In der Vergangenheit lag ein Schwerpunkt der Krankenhauspolitik
auf Betrachtungen und Meß- und Bewertungsinstrumenten, die
fast ausschließlich auf quantitative Faktoren abgestellt waren
wie etwa auf die Produktion von Pflegetagen, die Anzahl der
Betten für die Berechnung der Bettpauschale, die Anzahl der
Fachabteilungen für ihre Anerkennung im Rahmen der Eingruppierung nach der BPflV, der Aufzählung von Fachabteilungen für die
Einstufung der Krankenhäuser nach Versorgungs- bzw. seit 1981
nach Anforderungsstufen und ähnliches mehr. Mit der Verabschiedung des KHNG wurden neue Systematiken zum Gesetz erhoben.
Gegenüber qualitativen Aspekten der Leistungskapazitäten der
einzelnen Fachrichtungen, die bei der Festlegung des Pflegesatzes
berücksichtigt werden sollen, ist man nach wie vor wenig auf-
geschlossen. Gesundheitszustand, Diagnose, Therapie, Pflege und
Heilung bleiben weiterhin vorwiegend ausgeblendet. Diese qualitativen Faktoren wären kaum der Erwähnung wert, wenn die bundes-
politische Diskussion Ende der 70er und Anfang der 80er Jahre
nicht den Eindruck vermittelt hätte, daß diese Faktoren opera-
tionalisiert und entsprechend gemessen werden sollten und müßten,
und dies hieß vorwiegend, daß sie quantifiziert werden sollten.
Im ambulanten Sektor hat man diese Diskussion der Quantifizier-
barkeit von medizinischen Leistungen eigentlich zu keinem Zeitpunkt auf die gleiche Spitze getrieben wie im stationären
Bereich! Sollte hier die politisch schwächere Position der
Krankenhäuser im Vergleich zu der der organisierten Ärzteschaft
im ambulanten Bereich eine Rolle gespielt haben? Diese Frage
kann bejaht werden.

Zusammenfassend kann man über die Wirkungsbreite - und tiefe
der durch das KHG und die BPflV ausgelösten Eingriffe in die
innerbetrieblichen Abläufe der Krankenhäuser sagen: unabhängig
von Trägerschaft werden alle Krankenhäuser - je nach Versorgungs-

stufe in unterschiedlicher Weise - von staatlichen Behörden auf
allen Ebenen des bundesstaatlichen Systems in sämtlichen kran-
kenhausrelevanten Fragen wie Finanzierung, Planung, Management,
Personaleinstellung, Ausbildung, Medizintechnik etc. und in
allen Versorgungsbereichen abhängiger. Diese Abhängigkeit drückt
sich in verfahrensmäßiger, organisatorischer, finanzieller und
politischer Hinsicht aus. Unter diesen Umständen verbleiben den
Krankenhäusern keine nennenswerten eigengestalterischen Möglichkeiten und Entscheidungs- und Handlungsspielräume unabhängig von
staatlicher Politik. Ob die Krankenhauspolitikdiskussion gesell-
schaftspolitisch oder ordnungspolitisch orientiert ist, ist
eigentlich von geringerer Bedeutung als die Anerkennung der Tatsache, daß schon jetzt äußerst restriktive Rahmenbedingungen im
Krankenhauswesen bestehen, die durch das KHNG noch verschärft
werden dürften.

7.5.   Lenkung, Einfluß und Kontrolle der Ministerial-
          bürokratie in Bayern und Nordrhein-Westfalen

Zu den wesentlichsten Ergebnissen der Krankenhauspolitik im
politisch-administrativen System der beiden Länder im Zeitraum
von 1955 bis zur Gegenwart gehören bei allen Unterschieden im
Detail des Behördenaufbaus und der Aufgabenteilung beim Programmvollzug die Schaffung neuer Einfluß-, Lenkungs- und
Kontrollmöglichkeiten bei der Einzelobjektplanung und der überregionalen Krankenhausbedarfsplanung. Das Instrument zum Ausbau
der eigenen Domäne ist die Steuerung der Krankenhausbedarfsplanung über das Förder-, Feststelllungs-, Bewilligungs- und
Planungsverfahren. Selbst unter Berücksichtigung der 1969 vom
Bundesgesetzgeber mit Zustimmung aller Länder verabschiedeten
Verfassungsänderung und der partiellen Kompetenzverlagerung von
Finanzierungsverantwortung im Investitionsbereich von den Län--
dern auf den Bund kann an dem Einflußzuwachs und dem strategischen Gewicht der Landesbürokratie kein Zweifel bestehen.
Mit dem Abbau der Mischfinanzierung und damit der Verlagerung
des Schwerpunkts der Krankenhauspolitikdiskussion auf die Län-
der dürfte sie neuen Einfluß gewinnen.

Die Verfügungsgewalt über erhebliche Investitionssummen begrün--
dete neue Entscheidungs- und Handlungsspielräume, die nicht
ungenutzt bleiben konnten. Über das wesentlichste aller
Steuerungsinstrumente - die Ressourcenkontrolle - konnte die
Planungsbürokratie ihre eigene Einfluß- und Machtsphäre im Verhältnis zu anderen Länderministerien und im Verhältnis zu den

untergeordneten Behörden ausdehnen, ja in gewisser Weise sogar
gegenüber dem Bereich der Landespolitik. KBPle und JKBPe wurden
im bürokratischen System entwickelt und in den wichtigsten
Punkten dort vorentschieden.

Die u.E. wichtigste und folgenreichste Ausdehnung der bürokratischen Einflußdomäne erfolgte im Verhältnis der Bürokratie zu
allen außerhalb der staatlichen Behörden tätigen politischen
Einflußgruppen. Das Durchsetzungsvermögen der Ministerialbürokratie in den Ländern war entschieden größer als das der genannten politischen Gruppen, die die Interessen einzelner
Krankenhausträger oder gar die Interessen des Krankenhaussektors
als wesentlichem sektoralem Bereich im deutschen Gesundheitswesen politisch repräsentieren und mobilisieren.

Die Bürokratie hat schon immer eine nicht unwesentliche Rolle
in allen das Krankenhaus betreffenden Fragen gespielt wie etwa
bei der Einzelobjektplanung und der Krankenhausbedarfsplanung,
wie sie zögernd Mitte der 60er Jahre begann. Doch es besteht ein
wesentlicher qualitativer Unterschied in der Machtfülle der Verwaltung damals und heute. Unter den Bedingungen der Krankenhausversorgung und der Krankenhausfinanzierung und -planung vor
1972 war die Erfüllung dieser Aufgaben, soweit staatliche Behörden beteiligt waren, auf klassische Verwaltungsaufgaben beschränkt und nicht mit einer erheblichen Ressourcenkontrolle
gekoppelt. Auch den Trägern und den mittleren und unteren staatlichen Behörden sowie den Städten und den Kreisen verblieb eine
eigenständigere Rolle vor 1972 als in der Zeit nach dem Inkrafttreten des KHG.

Zweifelsohne sind die durch Bundes- und Landesgesetz und Verordnungen vorgeschriebenen multilateralen Entscheidungsstrukturen bei der Einzelobjektplanung und der überörtlichen Krankenhausbedarfsplanung bürokratisch dominiert. Daran ändert auch
nichts, daß beide Länder unterschiedliche Umsetzungsmechanismen
gewählt haben. Ob zentraler Planungsausschuß wie in Bayern, oder
ob regionale Zielplanbesprechungen vor Ort wie in Nordrhein-
Westfalen, die Wirkungslinien und -effekte dieser Entscheidungsstrukturen bleiben die gleichen: Zentralisierung und Zuständig-
keitsverlagerung aller wesentlichen Entscheidungs- und Hand-
lungsfunktionen, Schwerpunktbildung und das Setzen von planerischen Prioritäten auf die Landesebene bei gleichzeitiger Segmentierung und Verwischung von Verantwortung für ihre Folgen.

Neben den formalen Steuerungs- und Einflußmöglichkeiten stehen
den Planungsbehörden zahlreiche informelle Möglichkeiten zur
Verfügung, den Planungsprozeß und die Planungsentscheidungen
zu beeinflussen. Die Erfassung und die Aufbereitung von Daten
und die Vorbereitung der Tagesordnung und der Planungsunterlagen, die Festsetzung von Terminen, sie alle geben den zentralen Planungsbehörden gegenüber den anderen am Planungsprozeß
Beteiligten einen erheblichen strategischen Vorsprung bei der
Verhandlungsführung und bei Entscheidungsprozessen, der zu
Überzeugungsstrategien und Kooperationsmanöver leicht eingesetzt werden kann.

Bisher wurde von der Planungs- und der Landesbürokratie als
Kollektiv gesprochen. Bekanntlich setzte sie sich jedoch aus
zahlreichen organisatorischen Segmenten zusammen, die eigenständige Entscheidungs- und Handlungskompetenzen und -spiel-
räume hatten und u.U. divergierende Interessen im Rahmen der
Krankenhausbedarfsplanung verfolgten. Die offensichtlichsten
Zielkonflikte bestanden zwischen der Forderung nach flächen-
deckender stationärer Versorgung nach dem neuesten Stand des
medizinischen Fortschritts durch Krankenhausbedarfsplanung
und der Lenkung der Finanzierung eben dieser flächendeckenden
Krankenhausversorgung durch Ressourcenkontrolle und gezielten
Mitteleinsatz. Dieser Zielkonflikt trat zur Zeit der vollen
Kassen unter den Landesministerien wahrscheinlich nicht in dem
Maße in Erscheinung wie gegenwärtig. Soweit ein solcher Zielkonflikt in beiden Ländern zum Ausdruck kam, wurde er in Nordrhein-Westfalen insofern nach außen hin unterdrückt, als das
MAGS alle essentiellen Instrumente zur Steuerung öffentlicher
Fördermittel und der Krankenhausbedarfsplanung selbst kontrollierte und diese Machtkonzentration mit keinem anderen Ministerium teilen mußte. In Bayern waren diese Bereiche auf 4 Ministerien zersplittert, wodurch eine Konkurrenz unter ihnen vorausgesetzt werden konnte. Konzentration oder Zersplitterung dieser
Zuständigkeiten wirkten sich ohne Zweifel auf den innerbehördlichen Programmvollzug in jedem Land aus. Doch ob dieser Unterschied die eigentlichen Ergebnisse der Krankenhausbedarfsplanung
in beiden Ländern zufriedenstellend erklären kann, bleibt
fraglich.

Im Bezugssystem der Verwaltung gab es einige Veränderungen, die
besonders im Verhältnis der Landesbehörden zur mittleren Verwaltung in beiden Ländern zum Ausdruck kamen. Regionalbehörden
wurden beim Programmvollzug mit personalintensiven, zeit- und
verfahrensaufwendigen Arbeiten bei der Antragstellung, dem Fest-

stellungs- und Bewilligungsverfahren und der Prüfung der Verwendungsnachweise sowie mit Wirtschaftlichkeitsprüfungen im Pflege-
satzbereich beauftragt. Doch ließen ihnen weder die althergebrachten Verwaltungsroutinen noch neu verordnete Verfahrensregeln irgendwelche nennenswerten eigenständigen Entscheidungs-
und Handlungsspielräume. Soweit die oben erwähnten Zuständigkeiten ihnen bestimmte Aufgaben übertrugen, bezogen sie sich
primär auf die Kontrolle und Prüfung der Konformität der An-
tragsunterlagen mit den Förderbestimmungen. Bei der Einzelobjektplanung und der überregionalen Zielplanung übten sie
gewisse Pufferfunktionen zwischen dem Ministerium (den Ministerien), den Trägern und anderen örtlichen oder regionalen Inter-
essenträgern aus.

Als Folge der fast totalen Zentralisierung aller relevanten
Problem- und Sachbereiche bei der Planung und der Förderung
auf die Landesministerien mußten die Regionalbehörden eigentlich einen realen Einflußverlust hinnehmen. In den Innenbeziehungen der drei mit der Planung befaßten Dezernate - Humanmedizin oder Gesundheit, Bauwesen und Kommunale Angelegenheiten
- stellte sich eine gewisse Rollen- und Einflußverschiebung
zugunsten des die Geldmittel verwaltenden Dezernats ein. Doch
kommt dieser Segmentierung von Verantwortung und Aufgaben in
den Regionalbehörden keineswegs die Bedeutung zu, die der Segmentierung von Zuständigkeiten unter zahlreichen Ministerien
oder im Verhältnis der Länder zum Bund zukommt, da es in den
beiden letzten Fällen darum geht, wer machtpolitisch die Oberhand und das Sagen hat. Mit der Verabschiedung des KHNG haben
die Länder wieder fast uneingeschränkte Entscheidungs- und
Verfügungsgewalt.

Trotz bürokratischer Dominanz und der realen Machtfülle der
Landesbürokratie beim Planungs- und Investitionsgeschehen sind
der Krankenhausbedarfsplanung und -finanzierung dennoch enge
Grenzen gesetzt, als sie kurzfristig kaum und langfristig nur
bedingt auf Veränderungen in den Krankenhausinfrastrukturen und
den Versorgungs- und Leistungsrastern einwirken können. Wesentliche Ursachen, die die Entwicklung der stationären Versorgung
und der Planung dynamisch beeinflußt haben, liegen außerhalb der
Entscheidungsdomänen der Planer. Zahlreiche Einflußfaktoren, die
das reibungslose Funktionieren von Krankenhäusern als Dienstleistungseinrichtungen beeinflussen, die medizinisch-technisch
leistungsfähig, pflegerisch effizient und betriebswirtschaftlich
kosteneffektiv sein sollen, unterstehen nicht dem steuerbaren
Bereich durch die Krankenhausbedarfsplanung, so wie sie in der

Vergangenheit üblich war. In Zukunft wird man sich stärker dem
Zielkonflikt zu stellen haben, ob das medizinisch Machbare auch
finanzierbar ist. Die gegenwärtige politische Führung in der
Bundesrepublik hat durch die Verabschiedung einiger Bestimmungen im KHNG den Glauben daran bestärkt.

Zu den Faktoren, die mit an Sicherheit grenzender Wahrschein-
lichkeit ohne Krankenhausbedarfsplanung, ja sogar ohne jede
Planung eingetreten sind, gehören beispielsweise Fortschritte
in den diagnostischen, operativen und therapeutischen Möglichkeiten der Medizin mit all ihren positiven und negativen Konsequenzen für Patientenversorgung und -betreuung. Die zunehmende Spezialisierung und Auffächerung bereits schon hoch-
spezialisierter Teilgebiete in eigenständige Fachgebiete der
Medizin sind genauso wenig das Ergebnis von Planung wie Fortschritte in der Rehabilitation. Die räumliche Verteilung dieser
Leistungskapazitäten ist es allerdings schon. Es gibt auch
andere, medizin-externe Entwicklungen, auf die es die Krankenhausplaner kaum einen Einfluß hatten. Hierzu gehören die Personal-
und Tarifpolitik, die Politik zur Aus- und Weiterbildung und
schließlich die Auswirkungen einer stark an Kriterien der zur
Verfügung stehenden Finanzressourcen orientierten Gesundheits-
und Krankenhauspolitik. Obwohl die Kontrolle über den Einsatz
von Finanzmitteln eigentlich das Machtpotential der Landesbürokratie erweiterte, hat sie diese nicht zur prospektiv orientierten Bedarfsplanung, sondern vorwiegend zur Kontrolle des
rechtmäßigen Mitteleinsatzes nach einer der 6 unterschiedlichen
Förderarten unter gewissen Auflagen zu Umstrukturierungen genutzt. Daß diese Aufgabe unter den gegebenen Umständen keineswegs einfach war, stand im Mittelpunkt dieser Untersuchung. Doch
hätte man erwarten dürfen, daß diese Energien nicht nur auf den
Verwaltungsprozeß und auf die Krankenhausbedarfsplanung nach dem
Motto "hier ein Bett mehr, dort ein Bett weniger", sondern auch
auf kreative Bedarfsplanung ausgerichtet gewesen wären. Doch auch
die Planungsbürokratie hielt an etablierten Kriterien und Kon-
zeptionen in der stationären Krankenhausversorgung fest.

Andere Faktorenkomplexe, deren Ursachen in gesellschaftlichen
Umschichtungs- und Entwicklungsprozessen liegen, sind gegenüber
staatlicher Planung und Krankenhauspolitik relativ abgeschottet,
wie das Fortbestehen gewisser Werte bei den Bedarfsdeterminanten
unabhängig von Planung gezeigt hat. Der Rückgang der BN und VD
bei gleichzeitigem Ansteigen der KH oder etwa die Veränderungen
im Altersaufbau der Bevölkerung sind Entwicklungen, die ohne
Planung eintraten. Trotz der tiefen Eingriffe in die stationären

Dienstleistungseinrichtungen, aber angesichts der politischen und ökonomischen Rahmenbedigungen im Umfeld bestehender Krankenhäuser, sind der Planung schließlich enge Grenzen gesetzt, was planbar, veränderbar und machbar ist. Darüber hinaus ist die Gefahr eines vorprogrammierten Scheiterns weiterer Planung gegeben, wenn wesentliche Teilsektoren, die auf die Entwicklung des Krankenhauswesens Einfluß ausüben, außerhalb der Reichweite und der Wirkungslinien der Planung liegen.

8. Schlußbetrachtungen: Grenzen der Krankenhauspolitik

Die abschließende Interpretation der Implikationen, die sich
aus den zahlreichen empirischen Details der deskriptiven Analyse
komplexer Wirkungszusammenhänge beim Programmvollzug und den
unterschiedlichen Ergebnissen der Krankenhauspolitik über einen
Zeitraum von 30 Jahren ergeben, beschränkt sich auf eine Feststellung. Es geht um die Gewichtung und Vorrangigkeit der Entscheidungen der Politiker gegenüber allen anderen handelnden
Personen und politischen Gruppen, durch Handlungsprogramme überhaupt aktiv-gestalterisch durch 'richtige' und 'angemessene'
Finanz- und Strukturreformen auf das Krankenhauswesen und die
stationäre Versorgung einwirken zu können. Umgekehrt geht es
um die Frage, ob angesichts des Umfangs und der Bedeutung anderer Einflußfaktoren wirklich die Reform der Krankenhausfinanzierung und -planung, oder aber Reformen in anderen sektoralen
Bereichen der Gesundheits- und Krankenhauspolitik Vorrang haben
sollten.

Die Bemerkung über die Gewichtung von Handlungsprogrammen er-
scheint deswegen angebracht, als man die Möglichkeiten der
Politik, durch Handlungsprogramme angemessene Rahmenbedingungen
für die stationäre Versorgung und die Entwicklung des Krankenhauswesens zu schaffen, aus der kurzfristigen und der verengten
Programmperspektive glatt überschätzt. Dies bezieht sich insbesondere auf den Spielraum, der für eine sinnvolle Prioritäten-
setzung, für die Auswahl von Problemlösungsstrategien unter
einer Anzahl von Optionen und für die verbindliche Empfehlung
von Lenkungs- und Steuerungsinstrumenten überhaupt noch besteht.
Hingegen wird aus einer entwicklungsgeschichtlich langfristigen
Perspektive und bei Betrachtung der Krankenhauspolitik eher am
Ergebnis als an der Diskussion darüber deutlich, wie begrenzt
die beeinfluß- und steuerbaren Bereiche der stationären Versorgung und der Krankenhausentwicklung durch staatliche Krankenhauspolitik, die in der Vergangenheit allerdings selektiv eng
definiert wurde, eigentlich sind. Überspitzt könnte man sagen,
daß die disponiblen und lenkbaren Bereiche im umgekehrten Verhältnis zu den nichtsteuerbaren, aber letztlich für die Entwicklung des Krankenhaussektors ausschlaggebenden Bereiche im
Gesundheits- und Krankenhauswesen standen. So wie Krankenhauspolitik in der Vergangenheit definiert wurde, lagen diese Bereiche außerhalb der Wirkungsbreite und -tiefe staatlicher Po-

litik. Zu den wirklich treibenden Kräften im Krankenhauswesen
gehören dynamische Entwicklungen auf dem Gebiet der Medizin und
Medizintechnik, der Spezialisierung und Subspezialisierung, der
elektronischen Datenverarbeitung und des dynamischsten aller -
Teilsektoren, dem der Personal- und Tarifpolitik, um nur die wesentlichsten Bereiche zu nennen, die die Entwicklung des Krankenhaussektors in der Vergangenheit nachhaltigst geprägt haben.
Diese Entwicklungen traten jedoch alle unabhängig von jeder
irgendwie gezielten und umfassenden Krankenhauspolitik und
manche nur bedingt in Verbindung mit der Krankenhausfinanzierung
und -planung ein.

Andere essentielle Teilbereiche des Krankenhaussektors stehen
im Brennpunkt der praktizierten Krankenhauspolitik und -planung.
Dazu gehören die historisch gewachsene Zusammensetzung der Träger von Krankenhausinfrastrukturen und von Versorgungs- und
Leistungskapazitäten, die Krankenhausstandorte, selbst die Versorgungsstufen. Anstatt daß Politik und Planung diese Bereiche des Krankenhaussektors beeinflußt und gestaltet hätten,
bestimmten eben diese Teilbereiche weitgehend die Krankenhauspolitik und -planung. Nach der Orientierung der deutschen Krankenhauspolitik und der Krankenhausbedarfsplanung vorrangig an
den zur Verfügung stehenden Finanzressourcen in den 60er und
70er Jahre ist dies kaum erstaunlich, aber auch keine Leistung.
An der räumlichen Verteilung von Infrastruktureinrichtungen hat
sich in diesem dreißig-jährigen Zeitraum relativ wenig geändert
bei aller Berücksichtigung tiefgreifender und nachhaltiger Veränderungen im Krankenhauswesen. Ausgangspositionen von damals
schoben sich mehr oder weniger gleichbleibend in die darauf-
folgenden, durch andere und häufige Eingriffe der Politik ge-
prägten Entwicklungsperioden. Deutlich im Gegensatz hierzu haben
sich die Leistungsspektren in den Krankenhäusern geändert, was
eher als das Resultat der um Anerkennung und Ressourcen kon-
kurrierenden Angehörigen von Spezialisierungen und Subspezialisierungen, als das der Planung angesehen werden muß.

In dem Maße, wie Entscheidungen zur Krankenhauspolitik zu unterschiedlichen Zeiten vom gerade vorherrschenden Zeitgeist geprägt
wurden, belebten sie die politische Diskussion und das Bund-
Länder-Verhältnis sowie die Landes- und Kommunalpolitik. Interessengegensätze zwischen Krankenhäusern und Krankenkassen und
anderen Finanzierungsträgern traten dabei deutlich in Erscheinung. Damit kommen diesen politischen Entscheidungen nicht zu
unterschätzende innovationsfördernde Wirkungen im politischen
Prozeß und im bundesstaatlichen System zu. In dem Maße, wie

politische Entscheidungen zur Krankenhauspolitik die Bedingungen
zur Entwicklung und Gestaltung eines medizinisch-technisch
leistungsfähigen, kosteneffizienten, reibungslos ablaufenden und
humanen Krankenhaussektors durch Bürokratisierung, Reglementierung, Standardisierung und Etatisierung verschlechterten und
den eigengestalterischen Raum aller Krankenhäuser nach und nach
einschränkten, schafften sie weitaus restriktivere strukturelle
Rahmenbedingungen, als je zuvor bestanden. Die Befürchtungen der
Krankenhäuser, daß sie noch mit weiterer Bürokratisierung und
Reglementierung in der Verwaltung zu rechnen haben würden,
traten mit dem Inkrafttreten des KHNG am 1.1.1985, bzw. 1.1.1986
ein. Angesichts der Langfristigkeit von Veränderungen im Kran
kenhauswesen und den komplexen Wirkungszusammenhängen sind
Kehrtwendungen in den Entwicklungslinien des Krankenhauswesens
durch drastische Kurskorrekturen kurzfristig überhaupt nicht und
langfristig sicherlich durch Feinkorrekturen nur bedingt zu erzielen. Daran dürften der Abbau der Mischfinanzierung, der
ausdrückliche Schutz der freigemeinnützigen und privaten Träger,
die Schaffung von Krankenhausbudgets und die Errichtung neuer
Institutionen wie Schiedsstellen wenig ändern. Übereilt verabschiedete Reformwerke zahlen sich nicht immer aus, wie die Ent-
wicklungsgeschichte des "Jahrhundertgesetzes" von 1972 deutlich
vor Augen führt.

Unter den gegenwärtigen verfassungsrechtlichen, ökonomischen
und politischen Bedingungen und dem ungleichen Durchsetzungsvermögen einzelner politischer Kräfte und segmentierten Entscheidungsdomänen, die jeweils von anderen politischen und
bürokratischen Interessen kontrolliert werden, läuft der Krankenhaussektor Gefahr, daß unter dem Druck begrenzter Geldmittel
die zwei deutlich zu unterscheidenden Realitätsebenen in der
Gesundheits- und Krankenhauspolitik - ideologisch angehauchte
Perzeptionen und Politikentscheidungen einerseits, und tatsächlich bestehende strukturell restriktive Rahmenbedingungen andererseits - weiter auseinanderlaufen, und daß Überlegungen für
neue Handlungsprogramme eher durch ideologisch-politische Wert-
vorstellungen, als durch empirisch fundierte Zusammenhänge beeinflußt werden, ähnlich der Politikdiskussion über das Gesund-
heits- und Krankenhauswesen in der Vergangenheit. Andererseits
bewirken begrenzte Finanzmittel Politikentscheidungen, die
Grenzziehungen zwischen der parteipolitischen Führung der
Bundesrepublik nicht zulassen. So gelang es dem Bundesarbeitsminister, fast ausnahmslose alle Vorstellungen über eine Änderung des Krankenhausrechts im KHNG durchzusetzen, die seine
SPD-Vorgänger vergeblich versucht hatten.

Es gibt keinen Bereich im Gesundheitspolitik- und Krankenhaus-
politiksektor, weder in der stationären noch in der ambulanten
Versorgung, der so sakrosankt wäre, als daß er nicht ent-
mystifiziert werden könnte und sollte. Partei- und verbands-
politische Behauptungen über die jeweils bestehenden Leistungs-
fähigkeiten, gar die Substituierbarkeit eines Sektors durch den
anderen, stehen wieder im Raum, wie bereits in den letzten
beiden Jahrzehnten. Glaubten führende Politiker damals auf den
ambulanten Bereich scheinbar verzichten zu sollen, so meinen
umgekehrt andere Politiker und Verbandssprecher heute, den
stationären Sektor zugunsten des ambulanten Sektors entlasten
zu sollen unter dem Vorwand, die Kostenentwicklung in den Griff
bekommen zu können. Man muß jedoch deutlich unterscheiden zwischen den derzeit tatsächlich bestehenden Möglichkeiten und Not-
wendigkeiten zur Versorgung der Bevölkerung im ambulanten wie im
stationären Bereich. Beide Bereiche werden auf ihre Weise auch
in Zukunft ihren Beitrag zur Entwicklung des Gesundheits- und
Krankenhauswesens wie auch zur Entwicklung einer tragbaren
Arbeitsmarktpolitik zu leisten haben. Alle Verhandlungspartner
und politische Gruppen sind aufgerufen!

Anmerkungen

1 Zur "Humanität im Krankenhaus" siehe die Zusammenfassung der wichtigsten Ergebnisse der im Auftrag des Bundesministers für Arbeit und Sozialordnung durchgeführten Studie, die vom Institut für Angewandte Sozialwissenschaften (INFAS) durchgeführt wurde. In: Krankenhaus-Umschau, 1980, 909-911.

2 Gesetz zur Änderung des Gesetzes zur wirtschaftlichen Sicherung der Krankenhäuser und zur Regelung der Krankenhauspflegesätze. In: Bundesgesetzblatt, Teil I, Nr. 59, 30.12.1981, 1568-1577; Gesetz zur Neuordnung der Krankenhausfinanzierung (Krankenhaus-Neuordnungsgesetz - KHNG). In: Bundesgesetzblatt, Teil I, Nr. 56, 29.12.1984, 1716-1722.

3 Eine etwas andere Interpretation ergibt sich aufgrund des geschichtlichen Überblicks über die Entwicklung der Finanzverfassung im Deutschen Reich und zur Zeit der Weimarer Republik im "Entwurf eines Gesetzes zur Änderung des Grundgesetzes ("Finanzreformgesetz"). In: Deutscher Bundestag, 5. Wahlperiode, Drucksache V/2861, 12-16).

4 Der Anspruch und die Wirklichkeit des Bund-Länder-Ausschusses als Koordinationsgremium bundesweiter Krankenhauspolitik ist bisher systematisch-empirisch nicht erforscht worden. Zu den formalen Arbeitsschwerpunkten siehe Deutscher Bundestag, 7. Wahlperiode, Drucksache 7/4530, 145-146.

5 Das KHKG geht bei der pauschalen Förderung pro Bett von vier Versorgungsstufen aus, für die diese Beträge gezahlt werden

   1. Grundversorgung   DM 2.045,-
   2. Regelversorgung   DM 2.481,-
   3. Schwerpunktversorgung   DM 2.868,-
   4. Zentralversorgung   DM 3.666,-.

Nach dem KHKG sollen die Fördermittel nur für die in den KBPen definierten und festgelegten Aufgaben verteilt werden. Diese Fördersummen sollen in Abständen von höchstens zwei Jahren entsprechend der durchschnittlichen Kostenentwicklung neu festgesetzt werden. Da die einschlägige Verordnung 1983 noch nicht ergangen war, galten vorübergehend die alten Anforderungsstufen.

6 Deutscher Landkreistag. Rundschreiben Nr. 403/79 betr. Ergebnis der Umfrage der kommunalen Spitzenverbände über Aufwendungen der Kommunen in den Jahren 1976 - 1978 für das Krankenhauswesen vom 4.10.1979 (hektographiert).

7 Deutscher Städtetag. Vorbericht der 234. Sitzung des Präsidiums am 17.9.1982 in Stuttgart. Top. 20 Defizitabdeckung im Krankenhauswesen durch die Städte. Köln, 25.8.1982. Die Ergebnisse für 1981 sind nicht vollständig.

8 Bayerisches Staatsministerium für Arbeit und Sozialordnung. Schreiben vom 9.3.1983 an den Präsidenten des Bayerischen Landtags, VIII 2/206/2/83, 2-3.

9 Krankenhäuser wurden in § 2 KHG wie folgt definiert:
Krankenhäuser sind "Einrichtungen, in denen durch ärztliche und pflegerische Hilfeleistung Krankheiten, Leiden oder Körperschäden festgestellt, geheilt oder gelindert werden sollen oder Geburtshilfe geleistet wird und in denen die zu versorgenden Personen untergebracht und gepflegt werden können".

10 Zu einer ausführlichen Diskussion über Argumente und Gegenargumente in teilweise rechtskräftig und teilweise nicht rechtskräftig gewordenen Urteilen siehe Udo Steiner. Das Bundesverwaltungsgericht hat besonders zu Grundsatzfragen wie Bedarfsgerechtigkeit und Leistungsfähigkeit, zur Rechtsnatur des KBP und zur Zulässigkeit von Nebenbestimmungen Stellung genommen.

11 Zu der Kritik der Autoren an der unzureichenden Datenauswertung, die mathematisch-sozialwissenschaftlicher Verfahren bedürfen, ist anzumerken, daß beide inhaltlich deckungsgleich sein können, sie es aber in der Praxis der wissenschaftlichen Arbeit häufig nicht sind, da qualitative Dimensionen von sozialwissenschaftlichen Disziplinen unterschiedlich berücksichtigt werden.

12 Erlaß des Ministers des Inneren Nr. 7666, Berlin 1913, zitiert von Hans Sitzmann: Das Krankenhauswesen aus der Sicht der Krankenkassen. In: Der Bay.Bgm. November 1977, 17.

13 Landeshauptstadt Düsseldorf. Der Oberstadtdirektor. Gesundheitsamt. Düsseldorf, 20.10.1961, 1-3 (hektographiert): Grundsatzbeschluß des Rates der Stadt Düsseldorf über Art und Umfang der städtischen Förderung von Bauvorhaben der freien gemeinnützigen Krankenhausträger in der Fassung vom 29.10.1970 (hektographiert).

14 Anlage 53/12 vom 29.11.1978: Entwicklung der freien gemeinnützigen Krankenhäuser von 1964 bis heute im Rahmen der Förderleistungen der Stadt Düsseldorf.

15 Kreis Brilon. Hektographierte Notizen über die Kreisausschußsitzungen vom 6.2.1962; 17.12.1963; 4.12.1964; 27.10.1965; 30.7.1970.

16 Öffentlich-rechtliche Rechtsformen:
   1. Der Zweckverband; 2. die öffentlich-rechtliche Vereinbarung; 3. der Regiebetrieb; 4. der Eigenbetrieb. Privatrechtliche Rechtsformen:
   1. Aktiengesellschaft; 2. Gesellschaft mit beschränkter Haftung;
   3. Gesellschaft des bürgerlichen Rechts; 4. offene Handelsgesellschaft;
   5. Kommanditgesellschaft; 6. Genossenschaft; 7. Verein; 8. Stiftung.

17 Mit Ausnahme Berlins hat nur Bayern die Ärztekammer zu den wesentlich Beteiligten gerechnet.

18 Bayerisches Staatsministerium für Arbeit und Sozialordnung. Schreiben vom 16.6.1978 an den Präsidenten des Bayerischen Landtags. Fritz Flath, Schriftliche Anfrage an den Bayerischen Landtag vom 14.3.1978 betr.: Krankenhausbedarfsplan des Freistaates Bayern.

19 Beispielsweise wandte sich der Landkreisverband Bayern gegen den Schwerpunkt der bayerischen Krankenhausplanung. Landkreisverband Bayern. Schreiben vom 21.10.1975 an das Bayerische Staatsministerium für Arbeit und Sozialordnung betr.: Überprüfung des Krankenhausbedarfs und kostendämpfenden Baumaßnahmen im Bereich der Krankenhausfinanzierung.

20 Gesetz zur Änderung von Zuständigkeiten im Sozial- und Gesundheitswesen vom 2.6.1971.In: GVBl. 198. Und 3. Verordnung zur Änderung der Verordnung über die Geschäftsverteilung der Bayerischen Staatsregierung vom 2.6.1971. In: GVBl. 200.

21 Im Jahr 1980 wurde der Teil II durch einen Abschnitt C ergänzt, in den alle "umfassenden Errichtungsmaßnahmen (Neubau, Umbau, Erweiterungsbau) nach § 9 Abs. 1 KHG aufgenommen werden, für die zumindest der erste Verfahrensabschnitt, d.h. die fachliche Prüfung nach der Durchführungsverordnung zum Bayerischen Krankenhausgesetz und zu Art. 10b Finanz-

ausgleichsgesetz vom 30. September 1980 (GVBl. S.630) abgeschlossen ist".
In: Bayerischer Staatsanzeiger, 36. Jg., Nr. 21, 3.

22 Gemeinsame Bekanntmachung der Bayerischen Staatsministerien für Arbeit
und Sozialordnung und der Finanzen über das Jahresbauprogramm 1975
(fortgeschriebene Fassung des Freistaates Bayern vom 10.12.1975 -
Nr. VII 4 - 5301 und 306/75) und spätere jährliche Fassungen und Ergänzungen der Jahresbauprogramme für die Zeit von 1975 bis 1981. Verordnung zur Bestimmung der an der Krankenhausbedarfsplanung wesentlich
Beteiligten vom 30.10.1973. In: GVBl., 581.

23 Bayerisches Staatsministerium der Finanzen. Schreiben vom 1.10.1980 an
die Regierung von Oberbayern, Niederbayern, Oberpfalz, Oberfranken,
Mittelfranken, Unterfranken und Schwaben.

24 Bayerisches Staatsministeriums für Arbeit und Sozialordnung. Schreiben
vom 18.7.1977. In: Beilage zu den Mitteilungen BKG, 1977, Nr.12, 1.

25 Erhebung der Krankenhausumlage nach Art. 10b FAG. Bekanntmachung des
Bayerischen Staatsministeriums der Finanzen vom 12.4.1977, Nr. 2 -
FV 6070 -92/20 - 16355. In: Beilagen zu den Mitteilungen BKG, Nr. 6,
1977.

26 Der Aufgabenkatalog der Abteilung Humanmedizin und der Gesundheitsämter
leitet sich primär aus den Bestimmungen über den öffentlichen Gesundheitsdienst ab. Nach § 47 der 3. DVO zur Vereinheitlichung des öffentlichen Gesundheitsdienstes sollen Gesundheitsämter Krankenhäuser und
Anstalten überwachen.

27 Stadt München. Betriebs- und Krankenhausreferat: Etatberatungen 1979 -
Krankenhäuser und Krankenhauseinrichtungen o.D. (hektographiert).

28 Berichte in Tageszeitungen vom 1.1.-31.12.1977 über das Gesundheitswesen und die Krankenhausbedarfsplanung (Süddeutsche Zeitung, Chamer
Zeitung-Further Chronik, Der Neue Tag (Ausgabe Weiden), die Mittel-
bayerische Zeitung und das Schwandorfer Tageblatt).

29 Der Bay.Bgm. vermittelt Einblicke in das Lokalkolorit und lokale Besonderheiten in der Oberpfalz und andernorts.

30 Landkreis Schwandorf. Beschluß Nr. 354 vom 17.12.1973: Gesamtplanung
des Landkreises im Fachbereich der Kreiskrankenhäuser.

31 Der Minister für Arbeit, Gesundheit und Soziales: Vorlage zur Zielplanbesprechung für das Versorgungsgebiet 1 am 9.6. 1978 (V B 3 -
0.500.44 (1), für das Versorgungsgebiet 15 am 18.8.1978 (V B 3 -
0.500.44 (15), für das Versorgungsgebiet 16 am 30.9.1977 (0.500.44
(16); Niederschrift über die Zielplanbesprechung für das Versorgungsgebiet 1 vom 15.9.1978 0.500.44 (1), für das Versorgungsgebiet 15 vom
31.8.1978 (V B 3 - 0.500.44 (15), für das Versorgungsgebiet 16 vom
30.10.1977 (interne Unterlagen).

32 Berichte in der Lokalpresse (Westfalen-Post, Westfälische Rundschau)
über die Krankenhausversorgung und die ärztliche Versorgung im Hochsauerlandkreis, die in diesem Zusammenhang ein ausgeprägtes Kirchturms-
denken erkennen ließen.

33 RdErl. des Ministers für Arbeit, Gesundheit und Soziales vom 25.10.1973.
In: MBl.NW., Nr. 108, 23.11.1973, 1834-1853.

34 Innere Organisation der Behörden der Regierungspräsidenten. Organi-
sationsplan und Mustergeschäftsverteilungsplan. RdErl. des Innen-

ministers vom 24.11.1975. In: MB1.NW., Nr. 141, 10.12.1975; vormals
RdErl. vom 22.8.1974. In: MB1.NW. 1354.

35 RdErl. des Ministers für Arbeit, Gesundheit und Soziales vom 27.1.1977.
In: MBL.NW., Nr. 24, 13.4.1977, 308-313.

36 RdErl. des Ministers für Arbeit, Gesundheit und Soziales vom 29.11.1979.

37 Förderung von Baumaßnahmen kommunaler und freier gemeinnütziger Krankenhäuser und Krankenhäuser der Bundesknappschaft nach dem KHG. Zuschüsse
zu den Planungskosten. RdErl. des Ministers für Arbeit, Gesundheit und
Soziales vom 20.11.1973. In: MBL.NW., 20.12.1973, 2126-2127.

38 Bundesministerium für Arbeit und Sozialordnung (hektographiert) BMA Va 6:
Entwicklung der Zahl der nach dem KHG geförderten Betten (Planbetten)
nach Ländern (insgesamt und nach Akut-Betten und psychiatrischen Betten).

39 Siehe Anmerkung 31.

40 Kreisverwaltung Hochsauerlandkreis: Vorlage der Verwaltung für den
Gesundheits- und Sozialausschuß (Drucksache 1/1121) vom 17.7.1978.

41 Bezirksplanungsrat Arnsberg: Protokoll der Sitzung des Bezirksplanungs-
rats Arnsberg am 14.10.1977 in Arnsberg. Krankenhausbeirat: Krankenhausversorgung im Kreis Siegen, 22.10.1975 (hektographiert).

42 Nach den Angaben erhöht sich der Verfügungsrahmen von 900 Mio DM für
1982 durch Schulddienstübernahme (172 Mio DM), Ausgaberest (25 Mio DM)
und Nachholung Kommunalanteil (52 Mio DM) auf 1.149 Mio DM.
In: KHG-Aufwendungen der Länder für 1982 (Stand Dezember 1981 in Mio DM)
(hektographiert.

43 Bundesministerium für Arbeit und Sozialordnung (hektographiert) BMA
Va6/Vb 1: D 1 Entwicklung des Personals der Krankenhäuser insgesamt
und nach ausgewählten Berufen, nach Quellen des Statistischen Bundes-
amtes und eigenen Berechnungen des BMA.

44 Bundesministerium für Arbeit und Sozialordnung (hektographiert) BMA
Va 6: E 2 Entwicklung der Ausgaben für stationäre Behandlung in den
Jahren 1970 bis 1980 nach Ausgabenträgern.

45 Bundesministerium für Arbeit und Sozialordnung (hektographiert) BMA
Vb 1 42600: Anteile der einzelnen Leistungsarten an den Gesamt-
leistungen der GKV - in v.H., Stand August 1982. Diese Angaben beruhen
auf der Arbeits- und Sozialstatistik und Berechnungen des BMA.

46 Bundesministerium für Arbeit und Sozialordnung (hektographiert) BMA
Vb 1 42600: Entwicklung der Krankenhausfälle, - tage sowie der Ausgaben je Pflegetag, Stand September 1982, basierend auf Geschäfts-
ergebnissen nach KG 2.

Literatur

Altenstetter, C.: National Health Initiatives and Local Health Insurance
Carriers: The Case of the Federal Republic of Germany. In: Altenstetter,
C. (ed.) Innovation in Health Policy and Service Delivery. A Cross-
National Perspective. Cambridge, Mass., Oelgeschlager, Gunn & Hain, 1981,
227-263.
Altenstetter, C.: Implementation of National Health Insurance Seen From the
Perspective of General Sickness Funds (AOKs) in the Federal Republic of
Germany 1955-1975. Wissenschaftszentrum Berlin (P/82-1), Berlin 1982.
Altenstetter, C.: Ziele, Instrumente und Widersprüchlichkeiten der deut-
schen Krankenhauspolitik, vergleichend dargestellt am Beispiel der
Implementation der Bundespflegesatzverordnung. Wissenschaftszentrum
Berlin (P/82-2), Berlin 1982.
Altenstetter, C./ Bjorkman, J.W.: Federal-State Health Policies and
Impacts: The Politics of Implementation. Washington, D.C., 1978.
Baumgarten, J.: Handhabung der Krankenhausfinanzierung in den Ländern.
In: Zentrallehrgang 1981 am 25. und 26. März 1981 in Braunlage. Studien-
stiftung der Verwaltungsleiter deutscher Krankenanstalten e.V. (Hrg.),
35-77.
Bayerische Krankenhausgesellschaft (Hrg.): 20 Jahre Bayerische Krankenhaus-
gesellschaft. München: Buchdruckerei Steinmeier, 1970.
Bayerisches Staatsministerium des Innern (Hrg.): Bericht über das Gesund-
heitswesen. Bearbeitet im Bayerischen Statistischen Landesamt, München
jährlich.
Bayerisches Staatsministerium des Innern. Oberste Baubehörde: Medizinische
Forschungs- und Ausbildungsstätte der Universität Regensburg, Planungs-
stand 1974.
Bayerisches Staatsministerium für Arbeit und Sozialordnung (StMAS) (Hrg.):
Krankenhausbedarfsplan des Freistaates Bayern. Jährliche Fortschreibung
per 1.Januar. München 1974-1983.
Bayerisches Staatsministerium für Arbeit und Sozialordnung (Hrg.): Bay-
erische Sozialpolitik. Jährlich. München 1972-1977.
Bayerisches Staatsministerium für Landesentwicklung und Umweltfragen (Hrg.):
Region Regensburg. Passau, Druck Passavia, 1975.
Bayerisches Staatsministerium für Landesentwicklung und Umweltfragen (Hrg.):
Region München. Freising, Sellier GmbH, o.J.
Bayerisches Staatsministerium für Landesentwicklung und Umweltfragen (Hrg.):
Landesentwicklungsprogramm Bayern. Teile A und B, München: Carl Gerber
Grafische Betriebe, 1976.
Bayerisches Staatsministerium für Landesentwicklung und Umweltfragen (Hrg.):
Region Oberpfalz-Nord, Amberg, Flierl-Druck, 1977.
Bayerisches Staatsministerium für Wirtschaft und Verkehr (Hrg.): Bericht
über die Entwicklung der strukturschwachen Gebiete Bayerns, München 1977.
Behrends, B.: Krankenhauspflege. Die Entwicklung der Rechtsprechung zum
Pflegesatzrecht nach dem Krankenhausfinanzierungsgesetz und der Bundes-
pflegesatzverordnung. In: Die Ortskrankenkasse, 1983, 640-649.
Berman, P.: The Study of Macro- and Microimplementation. In: Public Policy,
1978, 157-184.
Bölke, G.: Die Krankenhausgesetzgebung des Bundes und der Länder – Anspruch
und Wirklichkeit. In: Arzt und Krankenhaus, 1979, 9-21, 45-52, 81-87.
Bruckenberger, E.: Planungsanspruch und Planungswirklichkeit im Gesundheits-
wesen. Am Beispiel Krankenhaus. Köln: Kohlhammer 1978a.
Bruckenberger, E.: Krankenhausbedarfsplan und Belegarzttätigkeit in
Nordrhein-Westfalen. In: Deutsches Ärzteblatt, 1978b, 2852-2858.
Brühne, Chr.: Die Krankenhausbedarfsplanung in den Ländern der Bundes-
republik Deutschland. Bd. V, BPT- Bericht 6/78, München: Gesellschaft
für Strahlen- und Umweltforschung mbH, 1978.
Bundesministerium für Finanzen (Hrg.): Finanzbericht 1978. Bonn 1977.
Der Minister für Arbeit, Gesundheit und Soziales (MAGS) (Hrg.): Landes-

krankenhausplan Nordrhein-Westfalen, Düsseldorf 1971.

Der Minister für Arbeit, Gesundheit und Soziales: Der Vorläufige Bedarfs-
plan des Landes Nordrhein-Westfalen. In: MBl.NW. Jg. 28, 21.4.1975.

Der Minister für Arbeit, Gesundheit und Soziales: Krankenhausbedarfsplan
des Landes Nordrhein-Westfalen. In: MBl.N.W. Jg. 32, 21.12.1979.

Der Minister für Arbeit, Gesundheit und Soziales: Krankenhausbedarfs-
plan des Landes Nordrhein-Westfalen. Fortschreibung zum Stand 31.12.1980.
Anlage zum RdErl. d. Ministers für Arbeit, Gesundheit und Soziales des
Landes Nordrhein-Westfalen vom 17.4.1982 - VD 1- 5704.10 (hektographiert).

Der Innenminister des Landes Nordrhein-Westfalen (Hrg.): Bericht der Kommission zur Erstellung eines Krankenhausplanes für das Land Nordrhein--
Westfalen 1968-1980. Siegburg: Verlag Reckinger, 1969.

Eichhorn, S.: Krankenhausbetriebslehre, 2 Bde, Stuttgart: Kohlhammer,
3. überarb. Aufl., 1976.

Eichhorn, S.: Ansatzpunkte und Methoden zur Beurteilung der Leistungsfähigkeit der Krankenhausversorgung. In: Krankenhaus-Umschau, 1979, 459-464.

Elsholz, K.: Krankenhäuser. Stiefkinder der Wohlstandsgesellschaft. Zur
Problematik der Krankenhausfinanzierung. Baden-Baden: Nomos, 1969.

Elsholz, K.: Krankenhausfinanzierungsgesetz und Bundespflegesatzverordnung.
Baden-Baden: Nomos, 1974.

Engels, A./ Graeve, K.-H.: § 371 RVO - Konfliktlösung durch Neufassung?.
In: Krankenversicherung, 1980, 40-48.

Frey, H.: Die finanziellen Auswirkungen der Gemeindegebietsreform. In:
Der Bay.Bgm., 1978, 28-30.

Genzel, H.: Das Bayerische Krankenhausgesetz und die Krankenhausförderung
in Bayern. In: Bayerisches Ärzteblatt, 1974, 670- 684.

Genzel, H.: Zur Krankenhaussituation in München. In: Krankenhaus-Umschau,
1981, 331-337.

Genzel, H.: Zur Situation des kommunalen Krankenhauswesens in Bayern. In:
Der Bay.Bgm., 1982, 29-34.

Genzel, H./ Miserok, K.: Recht der Krankenhausförderung in Bayern. Köln:
Deutscher Gemeinde Verlag, 1975.

Gruber, B./ Riefl, J.: Bundes- und Staatszuschüsse für gemeindliche Aufgaben. München: Boorsberg Verlag, 2. Aufl., 1962.

Grunow, D./ Hegner, F./ Schmidt. E.: Psychiatrische Versorgung durch
Kommunale Gesundheitsämter. Bielefeld: Kleine, 1981.

Grunow, D./ Hegner, F./ Lempert, J./ Dahme, J.: Sozialstationen. Bielefeld,
Eigenverlag, 1979.

Hanf, H./ Scharpf, F.W. (eds.): Interorganizational Policy Making, London:
Sage, 1978.

Harsdorf,H./ Friedrich, G.: Krankenhausfinanzierungsgesetz. Textausgabe
mit Materialien zur Entstehungsgeschichte und einer erläuternden Einführung. 2 Bde, Stuttgart: Kohlhammer, 2. Aufl., 1973.

Hegner, F.: Voraussetzungen und Rahmenbedingungen personaler Dienstleistungen in Krankenhaus. In: Lösung Gesellschaftlicher Probleme durch
öffentliche Dienstleistungen? Forschungsgruppe öffentliche Dienstleistungen beim Generalsekretär des Wissenschaftszentrums Berlin
(GS 1979,3), Berlin, 1979, 136-144.

Huber, L.: Der kommunale Finanzausgleich 1974 in Bayern. In: Kommunalpoli-
tische Blätter, 1974, 760-761.

Hugger, W.: Handlungsspielräume und Entscheidungsfähigkeit des politisch-
administrativen Systems der Bundesrepublik Deutschland, untersucht am
Beispiel Gesundheitswesen. Speyerer Forschungsberichte 10, Hochschule
für Verwaltungswissenschaften, Speyer 1979.

Industriebetriebsgesellschaft Ottobrunn: Untersuchung über die sparsame
Wirtschaftsführung und den Kostenanteil für Forschung und Lehre an 3 Hochschulen im Land Nordrhein-Westfalen. München 1977.

Jung, K.: Krankenhausfinanzierungsgesetz. Textausgabe mit Materialien zum
Krankenhaus-Kostendämpfungsgesetz und einer erläuternden Einführung in
die Neuregelungen. Köln: Kohlhammer,1982.

Knemeyer, F.-L.: Bayerisches Kommunalrecht. München, 2.Aufl., 1977.

Kühn, H.: Gesamtwirtschaftlicher Bedingungswandel der Krankenhauspolitik.

In: Das Argument, 1976, 26-52.

Kühn, H.: Politisch-ökonomische Entwicklungsbedingungen des Gesundheitswesens. Eine Untersuchung am Beispiel der Krankenhauspolitik in der
Bundesrepublik Deutschland von 1958 - 1977. Universität Bremen, Wirt-
schafts- und Sozialwissenschaften. Diss. 1978.

Landesamt für Datenverarbeitung und Statistik des Landes Nordrhein-Westfalen
(Hrg.): Jahresgesundheitsbericht, jährlich.

Landesamt für Datenverarbeitung und Statistik des Landes Nordrhein-Westfalen
(Hrg.): Statistisches Jahrbuch, jährlich.

Landesamt für Datenverarbeitung und Statistik des Landes Nordrhein-Westfalen
(Hrg.): Das Gesundheitswesen in Nordrhein-Westfalen. Beiträge zur Statistik des Landes Nordrhein-Westfalen, Heft 347.

Landkreisverband Bayern (Hrg.): Die bayerischen Landkreise und ihr Verband.
München: Verlag für Verwaltungspraxis Franz Rehm GmbH, 1977, 169-181.

Landesregierung Nordrhein-Westfalen (Hrg.): Nordrhein-Westfalen-Programm,
Düsseldorf 1970.

Laux, E.: Das Krankenhaus als Wirtschaftsbetrieb. Planung, Steuerung,
Kontrolle. In: Krankenhaus-Umschau, 1980.

Leisner, W.: Das kirchliche Krankenhaus im Staatskirchenrecht der Bundesrepublik Deutschland. In: Marre, H./ Stüting, J. (Hrg.): Essener Gespräche zum Thema Staat und Kirche, (17), Essen, 1982, 9-29.

Löber, D.: Krankenhausfinanzierungsgesetz: Finanzreform statt Strukturreform. In: Das Argument, 1974: 119-151.

MAGS: siehe Der Minister für Arbeit, Gesundheit und
Soziales.

Maunz, Th.: Rechtsgutachten. Über die Grenzen staatlicher Einwirkungen auf
außerstaatliche Krankenhausträger nach dem Krankenhausgesetz von Nordrhein
-Westfalen. In: Das Krankenhaus, 1976, 223-227.

Mayntz, R.(Hrg.): Implementation politischer Programme. Königstein:
Athenäum, Hain, Scriptor, Hanstein, 1980.

Mayntz, R. (Hrg.): Implementation politischer Programme II. Ansätze zur
Theoriebildung. Opladen: Westdeutscher Verlag, 1983.

Miserok, K.: Gegenwärtiger Stand der Krankenhausbedarfsplanung in Bayern.
In: Bayerisches Ärzteblatt, 1980a, 320-327.

Miserok, K.: Tendenzen in der Krankenhausplanung. In: Der Bay.Bgm. 1980,
34.

Müller,H.W.: Führungsaufgaben im modernen Krankenhaus. Stuttgart: Kohlhammer, 1980.

Müller, K.: Kommunales Verfassungsrecht in Nordrhein-Westfalen. Opladen:
Gegen Verlag, 1972.

Noelle-Neumann, E.: Krankenhaus und Zeitgeist. Meinungen und Erfahrungen in
vergleichender demoskopischer Analyse 1970-1978. In: Fachvereinigung der
Verwaltungsleiter deutscher Krankenanstalten (Hrg.), Wuppertal: Druck
Brockhaus, 1978.

Orth, G.: Verordnungen über die Abgrenzung und die durchschnittliche
Nutzungsdauer von Wirtschaftsgütern in Krankenhäusern. In: Krankenhaus-
Umschau, 1978, 330-338.

Reigl, O./ Schober,J./ Skoruppa, G.: Kommunale Gliederung in Bayern nach der
Gebietsreform. München: Deutscher Gemeindeverlag, 1978.

Ridder, P.: Zwischen Bürokratie und menschlicher Hilfe. In: Mensch, Medizin
und Gesundheit, 1978, 145-153.

Rosenbauer, H.: Das Krankenhauswesen im Freistaat Bayern. In: Krankenhaus-
Umschau, 1981, 325-326.

Schlauß, H.-J.: Die Finanzierung von Krankenhausleistungen. Köln, Deutsche
Industrieverlags-GmbH, Beiträge des Deutschen Industrieinstituts, H.6/7,
1969, 5-43.

Schmitt, H.-J.: Vor- und Nachteile der rechtlichen Organisation bestehender
Trägersysteme im bundesdeutschen Krankenhausbereich. In: Krankenhaus-
Umschau, 1976, 19-25.

Schnabel, F.: Krankenhausfinanzierung. In: Scharpf, F.W./ Reissert, B./
Schnabel, F.: Politikverflechtung: Theorie und Empirie des kooperativen
Föderalismus in der Bundesrepublik. Kronberg: Scriptor Verlag, 1976,

205-217.

Schnabel, F.: Politischer und administrativer Vollzug des Krankenhaus-
finanzierungsgesetzes. Vergleichend dargestellt an den Bundesländern
Bayern und Baden-Württemberg. Universität Konstanz, Sozialwissenschaften,
Diss. 1980.

Schön, A./ Kopetzky, Dr./ Janzer, H./ Schwab, G.: Analyse und Bewertung der
Krankenhausbedarfspläne der deutschen Bundesländer. In: Das Krankenhaus,
1978, 159-166, 224-235.

Schöne, H.: Die Städtischen Krankenanstalten Düsseldorf. In: Krankenhaus-
Umschau, 1969, 570-578.

Schwinghammer, H.: Stellung und Verfassung der bayerischen Gemeinden. In:
Keßler, R. (Hrg.): Die Bundesrepublik Deutschland. Staatshandbuch. Teilausgabe Freistaat Bayern. Köln: Heymans, 1977, 309-314.

Siebig, J.: Konzeption und beispielhafte empirische Anwendung eines Wirt-
schaftlichkeitsindikators für das Krankenhauswesen. In: Zeitschrift für
Wirtschafts- und Sozialwissenschaften, 1979a, H.3.

Siebig, J.: Die Praxis der Wirtschaftlichkeitsprüfung im Krankenhaus – eine
kritische Bestandsaufnahme. In: Diskussionsbeitrag Nr. 1/1979b,
Universität Konstanz.

Splett, B.: Das NRW-Krankenhausgesetz und der Beschluß des Bundesver-
fassungsgerichts vom 25.3.1980. In: Das Krankenhaus, 1980, 418-422.

StMAS: siehe Bayerisches Ministerium für Arbeit und Sozialordnung.

Statistisches Bundesamt Wiesbaden. Gesundheitswesen. Fachserie 12. Reihe 6:
Krankenhäuser 1981. Stuttgart: Kohlhammer, 1981.

Steiner, U.: Die staatliche Krankenhausbedarfsplanung als Gegenstand der
verwaltungsgerichtlichen Rechtmäßigkeitskontrolle. In: Deutsches Verwaltungsblatt, 1979, 865-891.

Tennstedt, F.: Soziale Selbstverwaltung, Bd. 2, Bonn: Verlag der Ortskrankenkassen, 1977,

Thiemeyer, Th.: Hat die Selbstverwaltung der Krankenhäuser im Zuge staatlicher Planung und Reglementierung noch eine Chance? In: Das Krankenhaus,
1971, 296-300.

Thiemeyer, Th.: Analyse und Neugestaltung der Pauschalen für Instandhaltung
und Instandsetzung nach der Bundespflegesatzverordnung, Bd. 11, Gesund-
heitsforschung des Bundesministers für Arbeit und Sozialordnung, 1979a.

Thiemeyer, Th. et.al.: Probleme der Instandhaltung bei Krankenhäusern, In:
ZögU, Beiheft 2, 1979b, 116-125.

Thiemeyer, Th. et.al.: Einordnung von Krankenhäusern in ein abgestuftes Ver-
sorgungssystem. Forschungsstätte für öffentliche Unternehmen e.V., Köln,
Lehrstuhl für Sozialpolitik und öffentliche Wirtschaft, Ruhr-Universität
Bochum, 1981.

Tschira, O.: Verfassungsrechtliche Stellung und Aufgaben der bayerischen
Landkreise. In: Keßler, R. (Hrg.): Die Bundesrepublik Deutschland.
Staatshandbuch, Teilausgabe Freistaat Bayern. Köln: Heymans, 1977,
315-318.

Vogel, H.R.: Bedarf und Bedarfsplanung im Gesundheitswesen. Stuttgart:
Fischer, 1983.

von Ferber, Chr.: Soziale Selbstverwaltung. In: Gewerkschaftliche Politik.
Reform aus Solidarität. Zum 60. Geburtstag von Heinz O.Vetter, hrsg. von
Borsdorf, U. et.al., Köln: Bund Verlag, 1977a, 373-392.

von Ferber, Chr.: Soziale Selbstverwaltung – Fiktion oder Chance? In: Bogs,
H./ von Ferber, Chr.: Soziale Selbstverwaltung. Bd.1. Bonn: Verlag der
Ortskrankenkassen, 1977b.

von Ferber, Chr.: Situation und Chance des Krankenhauswesens in der rechts-
und sozialstaatlichen Entwicklung der Bundesrepublik Deutschland. In:
Krankenhaus-Umschau, 1978, 507-514.

Zuck,R.: Grundgesetz für die Bundesrepublik Deutschland und Verfassung des
Landes Nordrhein-Westfalen. Leverkusen: Opladen, 3.überarb. Aufl., 1975.